多模态生物特征识别

——基于人脸与人耳信息

王　瑜　著

科学出版社

北　京

内 容 简 介

本书以人脸和人耳单生物特征为研究对象，旨在探讨人脸、人耳多模态识别技术的可行性和有效性，共分6章。第1、2章是基础知识部分，主要介绍单生物特征和多模态生物特征识别技术的基本概念、评价体系和发展现状。第3~5章是算法研究部分，主要利用人脸和人耳近似90°的特殊生理位置所带来的信息互补性，分别从融合信息方式、提取特征方法和捕获姿态不变量属性等方面入手，提出一系列人脸、人耳多模态识别的相关算法，试图缓解甚至消除由于姿态和遮挡等不利因素对人脸或人耳单生物特征识别造成的不利影响。第6章详细介绍目前国内外具有影响力的人脸和人耳图像库，并着重介绍作者组织并参与搭建的人脸人耳图像库。

本书可作为高等院校计算机等相关专业的教材，也可作为相关领域工程技术人员的参考书。

图书在版编目（CIP）数据

多模态生物特征识别：基于人脸与人耳信息/王瑜著. —北京：科学出版社，2013.11

ISBN 978-7-03-038950-3

Ⅰ. ①多… Ⅱ. ①王… Ⅲ. ①面部-图像识别-研究②外耳-图像识别-研究 Ⅳ. ①TP391.41

中国版本图书馆CIP数据核字（2013）第251069号

责任编辑：王 哲/责任校对：郑金红
责任印制：徐晓晨/封面设计：迷底书装

科学出版社出版
北京东黄城根北街16号
邮政编码：100717
http://www.sciencep.com

北京虎彩文化传播有限公司印刷
科学出版社发行 各地新华书店经销
*
2013年11月第 一 版 开本：720×1 000 1/16
2019年1月第四次印刷 印张：11 3/4 插页：2
字数：191 000

定价：78.00元

（如有印装质量问题，我社负责调换）

前　　言

生物特征识别技术是利用人体特有的生理或者行为特征进行身份判别的相关方法或技术。随着科技的不断进步和网络时代的到来，生物特征识别技术已经逐渐为人们所熟知，并正在以前所未有的速度影响着人们的生产和生活。

目前生物特征识别技术种类繁多，除了人脸、指纹和虹膜三大主流技术以外，语音、签名、步态、掌纹、视网膜、DNA、击键动力学分析和人耳等相关技术也纷纷崭露头角，得到了技术开发人员和研究学者的普遍关注。随着生物特征识别技术在国防安全、司法鉴定、电子商务、视频监控、楼宇或网络访问控制等领域需求的不断增加，其必将成为未来身份验证与识别的主流。

经过大量的调查和验证可知，每一种生物特征都具有各自的优势和劣势，而且总会存在着部分个体不适合某一种生物特征高质量获取的情况，同时也没有哪一种生物特征能够适合于任何验证或识别的环境。从这种意义上讲，任何一种生物特征识别技术都有其存在的理由和价值。

在现实生活中，使用单一的生物特征识别系统很容易受到噪声的影响、自由度的限制，以及无法接受的误差干扰等。为了提高系统的安全级别和表现能力，人们尝试使用多模态生物特征识别系统缓解甚至消除上述单生物特征识别系统的诸多弊端。此外，多模态生物特征识别系统需要随时提供多种生物特征而使得冒名顶替变得十分困难，在安全性方面更有保障。因此，多模态生物特征融合识别是生物特征识别未来发展的必然趋势。

人脸和人耳单生物特征识别技术已经发展了很多年（尤其是人脸识别），在室内光照、无遮挡、无姿态等约束条件下，其识别效果非常优秀。但在非结构光照、姿态和遮挡等不利条件下，其识别效果迅速下降。人耳在人脸的侧面，这种近似成90°的特殊生理位置，决定了在姿态变化的情况下，二者具有信息上的互补性，因此将它们融合在一起可以在没有提供正面人脸的情况下，也能利用信息互补来进行身份鉴别。多模态生物特征识别系统较单模态识别系统具有更加安全、可靠等优势，这启示我们可以利用人脸人耳多模态融合识别技术，克服姿态、遮挡等不利因素的影响，使系统获得更高的鲁棒性。鉴于此，本书以人脸、人耳生物特征为研究对象，探讨人脸和人耳多模态生物特征识别技术的可行性和有效性。

本书共分 6 章。第 1 章详细介绍生物特征识别，尤其是单生物特征识别技术的相关知识。第 2 章详细介绍多模态生物特征识别技术的概念和优势，对多模态生物特征识别技术的发展与现状做了详细的介绍和总结，按照融合方式归纳现存近 20 种多模态生物特征识别系统，并进行了对比和分析。第 3 章详细论述基于核典型相关分析的人脸人耳多模态识别方法。第 4 章详细论述基于局部二值模式纹理分析的人脸人耳多模态识别方法。第 5 章详细论述基于姿态转换的人脸人耳多模态识别方法。第 6 章详细介绍现存较有影响力的人脸图像库和人耳图像库，并详细介绍作者在博士期间组织并参与构建的 USTB 人脸人耳图像库的相关情况。

人脸识别是一种非常有前景的生物特征识别技术，人脸人耳多模态生物特征识别技术的相关研究不仅对人脸识别或人耳识别领域的发展具有重要意义，而且对信息融合技术和多模态生物特征识别的发展具有重要的参考和借鉴价值。希望本书可以为从事生物特征识别技术相关研究的科研工作者、学生以及产品研发人员提供一些帮助。

本书的出版得到国家自然科学基金面上项目“荧光显微样本 3D 重建关键技术研究”(61171068) 的支持。

作　者

2013 年 10 月

目　录

第1章　生物特征识别

生物特征识别试图模拟人类的感知融合网络，利用行为或生理特征识别或验证个体身份。1978年，第一套现代商用生物特征识别设备出现在华尔街的Shearson Hamil公司，其采用度量手指长度的方法记录员工考勤。1979年，更多的掌纹设备以确保安全为目的安装在西电公司（Western Electric）和美国海军情报局（Office of Naval Intelligence）。目前，美国有大量的生物特征识别设备已步入实际应用阶段。例如，人脸生物特征安防系统应用在奥克兰国际机场，指纹生物特征识别系统安装在芝加哥奥黑尔国际机场，虹膜系统安装在美国海军联合大楼（Navy Consolidated Building）[1]。

当今社会，生物特征识别已经不再是一个陌生的概念，尤其在美国等发达国家的大力支持下，生物特征识别技术发展迅速，其应用领域涉及机场、银行监控、电子商务、金融服务、信息安全、刑侦鉴定等诸多方面，对人们的生活产生了巨大的影响。

本章详细介绍生物特征识别技术的相关知识，包括概念、发展、评价指标以及目前典型的生物特征识别技术，为后续章节的理解提供必要的准备知识。

1.1　生物特征识别的概念

1.1.1　生物特征识别技术

生物特征识别技术[2]是一种以人类特有的身体特征或行为特征为媒介，并研究用其识别或验证个体身份的方法或技术。固有的身体特征包括人脸、指纹、虹膜、掌纹等，行为特征包括步态、签名和击键动力学分析等。

生物特征识别一般有两种工作方式：识别和验证。识别是以“你是谁”的方式工作，从库中选取特征，并产生一系列可能的匹配；验证则是以“你是不是谁”的方式工作，意味着当个体提出是否为特定身份的请求时，库中符合该特定身份的特征将被查询，并检查是否匹配。说得更通俗一些，识别需要进行多次的匹配，而验证则只需要进行一次匹配。

在生物特征识别过程中，一般包括两步重要的操作：注册和测试。在注册过程中，个体生物特征被存储在数据库中；在测试过程中，生物特征信息被检测，并与库中的信息作对比。

究竟何种生物特征可以被度量，并且符合生物特征识别的要求呢？答案是令人振奋的，任何人类生理或者行为特征都能够被用做生物特征识别，只要其满足如下要求。

普遍性：每个人都拥有该生物特征。

判别性：该生物特征在任何两个个体中都具有差异性。

持久性：经历一定的时间间隔后，该生物特征具有充分的不变性。

可收集性：该生物特征能够被量化和度量。

然而，在实际的生物特征识别系统中，仍旧有很多棘手的问题需要考虑，包括以下几个方面。

表现性：涉及可以达到的识别率和速度、获得好的表现所需要的资源，以及影响准确率、速度的操作和环境等因素。

可接受性：涉及日常生活中，人们愿意使用生物特征进行身份识别的接受程度。

反欺诈性：涉及假冒者使用欺骗手段使系统接受的难易程度。

实际的生物特征识别系统应该满足规定的识别率、速度和资源的需要，对使用者没有伤害，能够被大众所接受，并且对各种欺诈手段和攻击方法具有充分的鲁棒性。

1.1.2 生物特征识别系统

生物特征识别系统[3]是一种普通的模式识别系统，一个简单的生物特征识别系统主要包括四个模块：传感模块、特征提取模块、匹配模块、决策模块。

传感模块：主要用来提供生物特征数据。例如，被广泛用于人脸扫描或视网膜扫描的传感器，包括电荷耦合元件（charge coupled device，CCD）、红外照相机、深度扫描仪，以及用于指纹扫描的专用传感器和用于声音扫描的麦克风等。传感模块经常伴有一些无法避免的不利影响（噪声、抖动或者光照），如何有效解决这些问题并获得高质量的数据源是生物特征识别取得理想效果的重要基础。

特征提取模块：从获取的数据中提取特征值。该模块主要指一些有效的算法，对传感器捕获的图像或数据进行一些必要的操作，这些操作既要保证所获得数据的鲁棒特征，同时又不至于需要过大的存储空间，以及无法接受的算法复杂度和时间耗费，以便能够产生正确的识别结果。当然，同时满足所有的条件是不现实的，一般会根据实际情况，在不同的条件中进行取舍和均衡以满足实际需要，这些算法通常是机器学习算法。

匹配模块：将预检验的特征值与数据库中的特征值进行比较，获得匹配分数，作为决策的重要依据。

决策模块：产生用户身份或者宣告该用户身份是否合法。通常利用设计好的分类器进行决策，如简单有效的最近邻分类器，以及目前比较流行的支持向量机（support vector machine，SVM）等。分类器的设计也是生物特征识别技术的重点研究内容之一，直接对识别结果产生重要影响。

1.1.3　生物特征识别的优势

个体身份认证的方法大致可以分为三大类：一是用户持有的可以用于证明自己身份的标识物，如钥匙、证件、银行卡、身份证等；二是用户已有的相关知识，如用户名和密码等；三是用户自身具有唯一性的生物特征，如人脸、虹膜、指纹等。

前两种方法主要借助体外物，用户持有的证件或秘钥等很容易丢失、遗忘或复制，用户已有的知识很可能被遗忘、分享、盗取或猜测。调查证明，遗忘密码的成本是极其巨大的，在信息技术（information technology，IT）相关行业中，40%～80%的用户都曾拨打过求助电话[4]，平均每个用户每年需要重置遗忘密码或者低度安全等级密码的成本大约为340美元[5]，这无疑是一种巨大的经济浪费和安全隐患。一旦证明身份的标识物品或标识知识发生上述不测，用户身份就很容易被他人冒充或取代，造成其财务的损失或名誉的侵害。

身份窃取是指犯罪分子通过盗取合法用户的认证信息（如信用卡或密码等）

冒充合法用户的行为，或者在用户离开个人计算机又没有加锁时登录系统的行为。盗取身份后，犯罪分子可以进行很多恶意行为，如以被盗取身份的用户名义在线消费，这种方式曾给网站以及保险公司造成数十亿的损失[6]。

尽管如此，目前使用用户名和密码进行身份认证仍然是一种非常普遍的方式。在这种方式下，用户需要输入认证信息才被允许进行相应的活动。这种方式在某种程度上是有效的，但是由于存在很多缺陷而易受黑客攻击[7]。为了使密码更加安全，密码的设置必须附有特定规则，例如，最少8位字符，包括大写字母或特殊字符（如@、?、! 等）。遗憾的是，这种密码虽然达到了预期的效果，但也很难记忆，因此，很多用户在设置密码时还是喜欢选择与自己的生活密切相关的信息，如身份证号码、生日、父母或者孩子的名字等。这种做法虽然容易记忆，但是很容易被猜测和破解。此外，很多用户习惯在很多不同的网址上注册相同的密码，一旦被破解，将造成一系列相关的损失。例如，黑客可以在用户涉及的网站（如银行网站）进行相关犯罪活动，给用户造成巨大的损失。

如今，互联网已经成为人类生活中不可缺少的重要组成部分，网上购物已经成为一种时尚和习惯，有着忠实的用户群体。尤其对于工作繁忙的年轻人，在没有时间进行传统形式消费的情况下，足不出户就能购买各种商品。同时使用网上银行进行交易也越来越普遍，尽管各大银行也在为保护用户的利益开发各种网上交易保护系统（如U盾等），但是网上诈骗和犯罪仍旧屡见不鲜。

生物特征识别技术比传统的身份鉴别方法更安全、保密和方便，同时具有不易遗忘、防伪性能好、不易伪造或被盗、随身“携带”和随时随地可用等优点。

生物特征以基于“你是谁”这种新的方法建立身份，而不是传统的“你拥有什么”或“你知道什么”这两种方式，这种新的概念不仅增强了安全性，同时也避免了记忆和设置多种密码。因此，生物特征识别技术正在以前所未有的速度向前发展。

1.1.4 社会的可接受性和隐私问题

生物特征识别系统是否成功，很大程度上取决于人类是否能够与其轻松舒适地交互，以及被广泛地接受。如果生物特征系统不需要接触就能够度量个体特征（如人脸或声音），那么其就可以使用户感觉更加友好和卫生。此外，生物识别技术如果不再需要用户的合作和参与（如人脸和人脸温谱图的识别），那么也会使用户感觉更加方便。

生物特征不需要用户参与和首肯就能够被捕获的同时，也引发了很多隐私权的问题，识别的过程会涉及隐私信息。例如，如果当一个人每次购物时都需要识别身份，那么他购物的地点、购物的内容能够被接线员或者网络管理员容易地获取和使用。使用生物特征识别系统使隐私的问题变得更加严重，因为生物特征也许会提供该人的额外信息。例如，视网膜能够显示糖尿病和高血压的信息，保险公司也许会使用相关信息做出有失职业操守的决定，以可能存在的高风险而拒绝该人参保。脱氧核糖核酸（deoxyribonucleic acid，DNA）可以显示特定疾病的信息，因此即便是无意的信息滥用，也有可能导致待遇上的歧视。更重要的是，人们担心生物特征识别身份会将个人信息链接到其他与个人相关的系统或数据库，如电子银行、工作单位，尤其是涉密性质的工作单位等。

为了缓解用户的担心，生物特征识别技术研发公司和政府不得不做出不泄露其生物特征的承诺，保留用户的隐私权，或只用于既定的明确目的。同时有必要确立相关立法及规章制度，充分保证这种信息的隐私权，并明确指出滥用该种信息将受到相应的严厉制裁。

目前大多数商用生物特征识别系统都不需要储存身体的某些特征，而是以加密的形式储存相应的数字表示或者模板表示。这种方式有两个目的：一是真实的生物特征数据无法从数字模板中恢复，确保了隐私权；二是加密手段确保了只有指定的应用或者用户才能使用这种模板。

随着生物特征识别技术的不断成熟，在市场、技术和应用中将不断增加人类与生物特征识别系统之间的交互，这种友好的交互方式会受到技术、用户接受程度、服务供应商的信誉等影响。预测生物特征识别技术能够发展到何种程度，如何发展，以及可能嵌入到哪种应用中还为时过早，但是基于生物特征的识别必将会以一种无法阻挡的势头对我们的生活产生深远的影响。

1.2 生物特征识别的发展

近几年通过科研工作者、技术开发商的不断努力，以及在大量资金支持的共同作用下，生物特征识别技术进入了高速发展的阶段。随着生物特征识别技术的精度和产品稳定性的不断提高，其正在公共安全防范领域发挥着无法替代的作用。各国政府基于安全的考虑和市场的迫切需求，正在积极倡导和推动生物特征识别技术的发展，尤其近年来恐怖事件接连发生，公共安全问题再次成为各国的焦点议题，特别需要一个安全的体制来保障公民的人身安全和社会安定。生物特征识别技术以其独有的优势成为安全保障体制的关键技术之一。

随着计算机技术和网络技术的快速发展，人们日常的生活娱乐、经济往来无一不与计算机及网络密切相关，身份认证问题逐渐突现。作为承载经济娱乐生活的数字化网络，身份问题容不得半点差错，由于网络使面对面的交易逐渐演变成非面对面的鼠标点击操作，基于面对面的安全感顿然消失；同时，互联网还使得面向连接的交易变成非面向连接的交易，双方的在线安全感也随即完全消失。所以在信息时代，身份问题比过去更加重要，要求也自然更加严格，而生物特征识别技术正在成为数字世界身份认证的重要工具之一。

近年来，随着对生物特征识别技术的迫切需求和安全等级要求的不断提高，生物特征识别技术正在以前所未有的速度不断发展，逐渐形成了三个明显的特点。

(1) 单生物特征识别技术不断追求高标准，技术不断完善，尤其是指纹和人脸识别技术面向实际应用的产品层出不穷，发展势头极其迅猛。人脸识别技术以其非侵犯性、可接受性等众多优势，近几年来成为世界上生物识别公司及科研院所开发的热点。人脸识别测试（face recognition vendor test，FRVT）[8]技术表明，人面像识别技术的验证能力可与1998年的指纹商用系统相比（错误接受率设为0.01）。特别是以美国为首的发达国家提出使用人脸作为未来电子护照的识别特征之一，进一步证明了人脸特征在生物特征识别中的重要地位。三维(three dimensional，3D）人脸识别技术的出现是一个里程碑式的重大突破，该技术能够以多视角的丰富信息克服二维（two dimensional，2D）人脸识别中光照、姿势和遮挡等问题带来的困扰，虽然3D技术也存在自身的缺陷，但其卓越的识别性能和优势还是吸引了研究人员的广泛关注。

（2）单生物特征种类日益多样，方兴未艾。随着传感器技术、计算机技术和CCD技术的不断发展，研究人员和学者都在不断尝试着新的思路和方法。对于生物特征，人脸、指纹和虹膜无疑是三大主流技术，其基础地位坚不可摧，但是任何一种生物特征都有其自身的缺陷，这也促使了其他生物特征识别技术的兴起，如语音、签名、击键动力学分析等。具备掌型技术、静脉模式识别技术、虹膜技术的厂商陆续推出自己的最新产品，由于其高识别率、高可接受程度受到众多使用者的欢迎。

（3）多种生物特征融合技术成为未来发展的必然趋势。在实际应用中，由于客观条件变化的不可预测性，单生物特征识别技术往往会遇到难以克服的特例。例如，相当一部分人由于工作性质、意外事故等无法采集到清晰的指纹；人脸也会由于化妆、疤痕和衰老等造成信息的错误或者缺失。另外，在一些安全性要求极高的应用领域中，单生物特征识别的性能很难达到预期的需要。多模态生物特征识别技术同时利用多种生物特征，结合数据融合技术，不仅可以提高识别的准确性，而且也可以扩大系统覆盖的范围，降低系统的风险，使之更接近实用。

多模态生物特征识别系统比单生物特征识别系统具有更好的性能，国际上许多学者已致力于多生物特征身份识别技术的研究。例如，利用密码和用户名的身份认证技术只能产生一定程度的防范作用，为了更加安全，可以使用生理或者行为生物特征等辅助方式进行完善，持有的标识物品与多模态生物特征的有效融合可以很大程度上提高系统的安全等级，或者利用三种认证方法的有效结合也可以大大提高系统的安全性。总之，多生物特征融合识别技术近年来已成为生物特征识别技术研究领域的一个热点，也是未来生物特征应用领域发展的必然趋势。

1.3　生物特征识别技术的评价

人们需要对生物特征识别技术的效果进行客观的评价，评价的指标主要包括以下几种[6]。

（1）正确率（true positive rate，TPR）：正确识别被试身份的人数与总测试人数的比值。

（2）错误接受率（false acceptance rate，FAR）与错误拒绝率（false rejection rate，FRR）。

错误接受率：原本是虚假冒充者却被认为是合法身份的用户，这种误差称为误接受，误接受的人数与总测试人数的比值即为错误接受率。

错误拒绝率：原本是合法身份的用户却被认为是虚假冒充者，这种误差称为误拒绝，误拒绝的人数与总测试人数的比值即为错误拒绝率。

在每一种生物特征识别系统中，错误接受率与错误拒绝率需要进行适当的取舍和平衡。事实上，二者都是阈值 t 的函数。t 降低，系统会对输入的变化和噪声具有更大的容忍性，因此错误接受率就会提高；另一方面，如果阈值 t 提高，则系统会更加安全可靠，那么错误拒绝率会相应提高。

数学理论上，验证系统的误差可以使用如下公式进行描述，如果数据库中存储的用户生物特征模板用 X_I 表示，获取的待测生物特征数据用 X_Q 表示，则可做出如下假设。

H_0：输入 X_Q 不是来自合法用户的特征，却被认为是合法用户的特征 X_I。

H_1：输入 X_Q 是合法用户的特征，却被认为不是合法用户的特征 X_I。

那么，联合决定如下。

D_0：该用户不是声称的合法身份。

D_1：该用户是声称的合法身份。

决策规则如下：如果匹配值 $S(X_Q, X_I)$ 低于阈值 t，那么决策为 D_0，否则，决策为 D_1。这些术语实际上来自通信理论，目的是检测信号是否含有噪声。H_0 假设接收到的信息为噪声，H_1 假设接收到的信息为信号，这种对于测试的假设描述本质上包含两种误差。

I：错误接受，当 H_0 为真时，决策为 D_1。

II：错误拒绝，当 H_1 为真时，决策为 D_0。

错误接受率为第一种误差的概率 $A=P(D_1 | H_0)$，错误拒绝率为第二种误差的概率 $B=P(D_0 | H_1)$。

（3）受试者工作特征曲线（receiver operating characteristic curve，ROC）。

ROC 曲线又称为感受性曲线（sensitivity curve）[9]，原本用于医学诊断中，用来衡量某分析方法特异性和敏感性的关系，是试验准确性的综合代表。ROC

曲线通过图示可以简单、直观地观察该分析方法的临床准确性。模式识别中，ROC 曲线是以正确率为纵坐标、以错误接受率为横坐标绘制的曲线。

在上述所有操作点（阈值 t）上，生物特征识别系统的表现均可以使用被试工作特征曲线 ROC 表示，每条 ROC 曲线都是错误接受率与错误拒绝率相对于不同阈值 t 的曲线绘制。

（4）等误差率（equal error rate，EER）：错误接受率和错误拒绝率相等时的比率。

除了上述一些常用的生物特征识别技术评价指标，错误捕获率（failure to capture，FTC）与错误注册率（failure to enroll，FTE）也被用来表示生物特征识别系统的准确率。FTC 评价指标只适合捕获生物特征传感器存在的情况下，且仪器应设置在自动捕获功能状态下，其表示捕获单一样本时，设备捕获特征失败次数的百分比。这种误差经常出现在设备无法获得达标质量的生物特征情况中，如模糊的指纹或者遮挡的人脸等。另一方面，FTE 表示用户无法在识别系统中正常注册的次数的百分比，同时要在 FTE 和系统感知的准确率（错误接受率和错误拒绝率）之间有所取舍。FTE 误差通常出现在用户注册时，系统拒绝质量很差的输入情况下，因此，数据库中只包含高质量的模板，并且感知系统准确率也有所改进。因为失败率与误差率相互依赖，所以这些指标（FTE、FTC、FAR、FRR）在生物特征识别系统中组成了重要的技术参数，在评估系统表现时应该详细说明这些数据。

1.4　生物特征识别技术简介

人类使用人脸、声音和步态等生理特征进行个体身份的识别已有几千年的历史了。19 世纪中叶，巴黎警察局刑事犯罪科主任 Bertillon Alphonse[9] 发展了这一思想，并将度量生理特征的思想用于识别犯罪嫌疑人的身份这一任务中。在这种思想的启发下，利用生物特征鉴别人的身份日趋盛行。19 世纪后期，指纹的优良判别性能显露出重要的实际应用价值，很多法律实施部门开始收集犯罪嫌疑人的指纹并存储至数据库，犯罪现场的指纹被提取并与数据库中的指纹进行匹配，用来判断犯罪嫌疑人的身份。尽管生物特征识别起源于鉴定犯罪嫌疑人的身份，并防范其非法活动（如非法入境者、敏感性工作人员的安全检查、亲子鉴定、刑事鉴定等），但是随着生物特征识别技术的不断发展和完善，以及其显露出来的越来越多的优势，现在的生物特征识别技术已经广泛应用于职员考勤、交通安全等日常生活领域。

生物特征识别技术是基于个体生理或行为特征进行身份验证的科学，目前已经成为一种合法的手段[10]。

生理生物特征包括指纹[11]、虹膜[12]、视网膜[9]、体热[11]、体味[9]、掌纹[2]等。生理特征有很多优势，例如，很难被盗取、不会被丢失或遗忘、不需要用户记住这些特征的信息，也不像密码和个人身份证号码一样需要书写。当然，这些特征识别方法也有自身的劣势，其中之一就是使用这些特征进行身份识别需要特殊的硬件设备，因此需要一定的金钱代价和时间成本。基于生理特征识别系统的准确性也会受到各种因素的影响，例如，指纹也许会由于刀伤、烧伤或潮湿等因素而发生改变或失效，视网膜会受到健康问题的影响，如青光眼或高血压[11]。此外，指纹还会被盗取和伪造，这不仅会错误地控告无辜者，也会由于合法用户不能改变自身的指纹信息而任由假冒者未来继续非法使用。最后，生物特征的获取也许让用户感到很不舒服，如指纹或者虹膜识别。

行为特征包括击键动力学分析[6]、签名识别[13]、步态识别[14]等。同生理生物特征相比，行为特征的获取直观易懂，不会对用户心理造成不良影响。例如，击键动力学分析只需要用户敲击键盘，这使识别过程变得方便且友好。当然，行为特征的获取同样需要使用特殊的硬件设备，也同样存在不法分子的欺诈行为。例如，模仿支票签名的事件就时有发生。

生物特征识别技术的发展日新月异，特征种类也丰富多样，除了人脸、指纹和虹膜三大主流技术，声音、签名、步态、掌纹、视网膜、DNA、击键动力学分析等相关技术也纷纷崭露头角，得到了技术开发人员和研究人员的普遍关注，甚至还出现了体味、体热、静脉等识别方式，如图 1.1（见插页）所示。然而，任何一种生物特征识别技术都存在自身的优点和缺点，由于本书核心内容是人脸与人耳多模态生物特征识别技术，所以会重点介绍人脸与人耳生物特征，此外还将逐一介绍目前比较典型的其他生物特征识别技术。

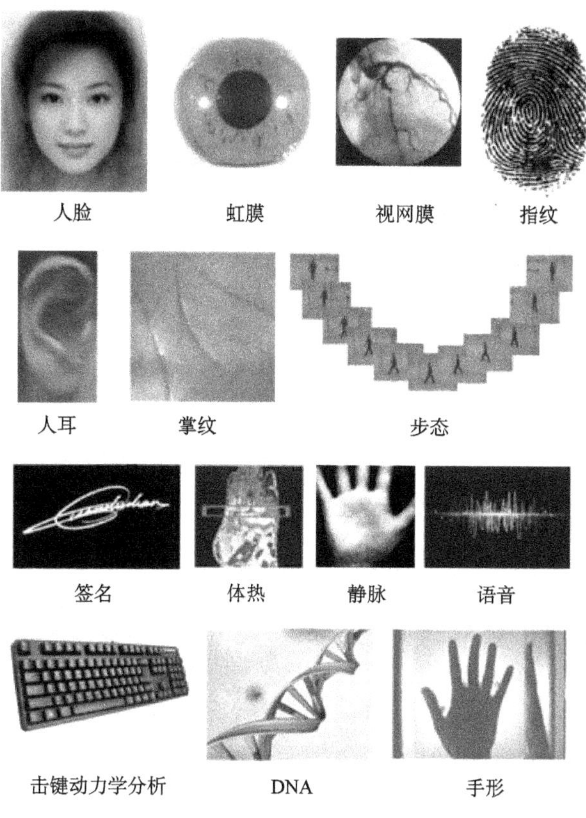

图 1.1　典型的生物特征识别技术

1.4.1　人脸识别

人脸识别是一个涉及多个领域和学科的重要研究课题，是一种利用人体的生理特征识别或验证个体身份的方法。人脸识别是一种被动识别技术，以一种非常自然和友好的方式非侵犯性地识别个体身份，不仅方式直观，而且不需要被试停止自己进行的活动，也不需要被试的配合或相关知识。

人脸识别技术应用领域极其广泛，包括法律身份认证、护照或驾驶执照的照片匹配、电脑安全网络和设施的访问控制（如政府机关）、安全银行的身份识别、金融交易、机场恐怖分子自动检测和视频监控等，应用范围从控制模式图像的静态匹配到动态图像序列的实时匹配。此外，在计算机安全领域，人脸识别系统可以用来不断地重新验证系统用户的身份，也能在执行操作前确定权限等级。

近年来人脸识别发展的速度非常惊人，主要是因为算法的快速发展，人脸大规模数据库的构建与完善，以及评估人脸识别表现方法的快速发展[15]。

人脸识别阐述了通过比较输入的人脸与图像库中存储的人脸图像，识别或验证在一定场景下感兴趣的一个或多个个体身份的问题。人脸识别的过程可以分为人脸检测、特征提取和识别三部分。人脸检测主要是将人脸从复杂场景中分割出来；人脸图像通常使用低维特征空间中的特征向量表示，并用于识别；人脸识别任务包括识别和验证。为了提高识别的准确性，通常需要在特征提取和识别之前进行图像归一化等预处理工作。在人脸识别过程中，包含人脸检测部分的算法称为全自动人脸识别，不包含人脸检测部分的算法则称为半自动人脸识别。

人脸从结构上看起来是相似的，人与人之间只有较小的差别，但在人脸识别中，可用于训练的人脸图像相对较少，而需要分类的人脸数目却非常巨大。尽管人类可以在不同情况下，有时甚至在分离几年后仍旧能快速容易地识别出人脸，但是机器识别人脸技术在模式识别和计算机视觉领域中仍然是一项具有极大挑战性的任务。人脸本质上是在不同方向光源照射下和任意复杂背景下的 3D 对象，因此人脸表观被投影到 2D 图像空间后变化巨大，不同姿态角度也能够引起 2D 表观的显著变化，鲁棒的人脸识别需要在这种巨大表观变化下仍然能够正确识别出个体身份。同时，系统必须面对典型的图像获取问题，如噪声、视频照相机失真和图像分辨率等影响。

按照不同的分类标准，人脸识别可以分为不同的种类。以依赖的图像种类可以将识别的算法分为正面、侧面以及能容忍不同视角的观测等三种识别方式。由于正面人脸信息完整、丰富，所以使用正面人脸进行识别是目前获得效果最好的一类方法。但是在实际应用中，全部是正面人脸的情况并不现实，因此能够容忍不同视角观测的算法通常更加引人关注。侧面识别方法作为独立系统的有效性有待商榷，但是面对大规模人脸数据库的识别任务时，为了减少计算负担进行快速粗糙预搜索，或者作为混合识别方案的一部分，侧面人脸识别具有非常重要的实际应用价值。

另一种划分人脸识别技术的标准是是否使用模型。例如，模型可以用来计算熵图像[16]，也可以用来推导主动表观模型[17]，这些模型包含了不同人脸的类别信息，并且在不同的视角、姿态或者光照情况下，当人脸表观产生变化时可以提供很强的约束。

从姿态不变性角度考虑，人脸识别方法可以分为两大类：基于全局的方法和基于局部的方法。在全局方法中，一种表示整体人脸图像的特征向量作为输入并进行分类，分类器可以选择很多种类，例如，在特征空间中的最小距离分类[18]、Fisher 判别分析[19]、神经网络[20]等。基于全局的方法分类正面人脸效果很好，然而，全局特征对于人脸的变换和旋转高度敏感，因此对姿态变化不具备鲁棒性。为了避免或缓解这个问题，可以在人脸分类之前进行对齐工作，这需要计算参考人脸图像和输入人脸图像的一致性。这种一致性通常使用人脸图像中比较少的显著点来确定。例如，眼睛的中心、鼻孔或者嘴角等。基于局部的方法关注人脸局部特征的差异，对人脸的组成部分进行分类。基于局部的人脸识别基于如下思想，即允许分类阶段局部之间的灵活几何联系，这样可以补偿姿态带来的变化。Brunelli 和 Poggio[21]的人脸识别方法通过分别匹配眼睛、鼻子和嘴三个区域的模板识别人脸，由于系统并没有包含一个完整的人脸几何模型，所以分类过程局部的配置不受约束。Wiskott 等[22]的人脸几何模型使用 2D 弹性图构建，弹性图的节点用来计算小波系数，然后使用小波系数进行分类识别。Nefian 和 Hayes[23]使用一个窗口在人脸图像中移动，在窗口内计算离散余弦变换(discrete cosine transformation，DCT）系数，并将系数输入 2D 隐马尔可夫模型中进行分类识别。

针对外表变化的人脸识别方法一般分为三类：不变特征、规范形式和差异建模。第一种方法主要是寻找上述情况下具有不变性的特征，例如，熵图像[16]对于光照具有不变性，也许可以用来识别光照变化条件下的人脸。第二种方法是利用归一化技术去除差异性，要么通过灵活的图像变换，要么利用给出的测试图像合成一幅新的图像，并具有规范性或者原型形式，然后使用这种规范形式进行分类识别。Zhao 和 Chellappa[24]提出的方法就属于这一类，任意光照条件下的测试图像被重新渲染，然后与其他被渲染过的原型进行比较。第三种方法是一种差异建模方法，主要思想是在一些适当的子空间学习，然后选择与测试图像最近的子空间进行分类。

尽管相关技术很多，大量研究人员也都在不懈努力进行探索，但是人脸识别技术仍然面临很多困难，还有很多尚未解决的问题，如姿态、光照、表情、遮挡、化妆、年龄等因素对其识别效果的影响。虽然上述方法在某些特殊变化的条件下效果很好，但是应用在其他变化的条件下效果会大打折扣。例如，对光照具有不变性的特征在姿态或者表情不变时效果很好，但是在姿态和表情发生改变时，该方法就会失效。由于这些因素的存在，目前自动人脸识别技术的表现较指纹和虹膜差，但是其仍是一种可行的身份认证技术，如果与其他生物特征识别结合，效果会提升得更加明显。

下面对一些目前比较典型的人脸识别技术进行介绍。

1）主成分分析

主成分分析（principal component analysis，PCA）是经典的人脸识别方法之一，文献［25］使用 PCA 方法有效地表示人脸图像，指出任何人脸都可以使用部分描述人脸的权重和标准人脸图像（特征图像）进行重建，其中权重可以利用投影人脸图像到特征空间获得。

在数学术语中，特征脸是人脸分布的主成分或者是人脸图像集协方差矩阵的特征向量，特征向量用来表示人脸中大量的差异，每张脸都能使用特征脸的线性组合准确地表示，也能使用最优的特征向量或者最大特征值对应的特征向量近似地表示。当图像包含大量的背景区域时，上述结果会受到背景的影响，这主要是因为光照变化造成图像间很大的相关性，所以光照归一化[25]在特征脸方法中通常是必要的。

2）独立成分分析

独立成分分析（independent component analysis，ICA）已经广泛应用于人脸识别[26]，其算法来自无混合过程先验知识下信源分离的启发。ICA 方法寻找非正交基，但是这些非正交基在统计上是相互独立的，而 PCA 方法[25]寻找正交基，使转换后的特征彼此互不相关。基于 PCA 的基空间依赖图像二阶统计信息，而 ICA 将 PCA 的概念普适化，并且依赖图像的高阶统计信息。在人脸识别中，很多重要的信息都包含在高阶图像信息中，图像的统计信息阶数越高，相谱中包含的感知人脸判别信息就越丰富，因此就这一点来说，ICA 方法要优于 PCA 方法。

3）局部特征分析

局部特征分析（local feature analysis，LFA）[27]是基于二阶统计分析的人脸子空间表示机制，通过增强基空间向量的地形指数及最小化相关性来实现。在特定分割和模式分析任务中，位置和地形是非常有用的特征。特征脸方法在维度约简上提供了最优的表示，但它是一种非局部和非地形上的表示。LFA 基于 PCA 分解，构建一组局部相关特征检测器，然后使用选择或稀疏化的操作产生一个最小相关的地形指数特征子集，该特征子集用来定义感兴趣的子空间。局部表示方法在克服对象局部区域变化引起的变形方面具有很强的鲁棒性，使用的特征与特征脸方法相比，不易受到光照和旋转变化的影响，并且计算量相对较小。

4）神经网络

神经网络（neural networks）的吸引力在于它的非线性特性，特征提取步骤可能比线性的方法更加有效。首次用于人脸识别的人工神经网络（artificial neural networks，ANN）是一种单层自适应的网络，其包含存储每个个体的单独的网络[28]。不同的应用场合需要不同的构建神经网络的方式，对于人脸检测，经常使用多层感知器和卷积神经网络。Lawrence 等[29]提出混合神经网络，融合局部图像采样、自组织映射（self-organizing map，SOM）神经网络和卷积神经网络。Lin 等[30]使用基于概率决策的神经网络方法（probabilistic decision-based neural network，PDBNN）进行人脸识别，基于 PDBNN 的生物特征识别系统包含了神经网络和统计方法的优点，并且分布式计算原则对于执行并行计算更加容易。然而，当数据库规模增加时，计算量迅速增加。一般来说，神经网络方法会遭遇类别数目增加的难题，为了获得最优的参数设置，需要每个人的多幅图像用于系统的训练，因此这种方法不适合使用单幅图像进行训练的应用。

5）图匹配

图匹配（graph matching）是另一种人脸识别方法，Lades 等[31]提出一种动态链接结构挖掘识别对象的形状不变量，使用弹性图匹配寻找存储在数据库中最近的图结构。动态链接结构是经典人工神经网络的扩展，存储的对象使用稀疏图表示。稀疏图的最高点使用局部功率谱的多分辨率描述进行标记，稀疏图的边缘使用几何距离向量进行标记，对象识别公式化为弹性图匹配，利用匹配代价函数的随机优化进行操作。图匹配对于图像的旋转和表情变化具有很好的效果，一般来说，由于旋转的不变性，动态链接结构要比其他人脸识别技术优越，然而，其匹配过程非常耗时。

6）弹性图匹配

弹性图匹配（elastic graph matching，EGM）[32] 拓展了动态链接结构方法，以便在更大数据库中获得更高的匹配准确性，同时处理更大的姿态转换。EGM 使用复杂的 Gabor 小波系数相位获得更加准确的节点位置，同时消除了系数量级引起的相似模式。它使用自适应图结构，使得节点适用于特殊的人脸标志或基点，如瞳孔、嘴角和鼻尖。两张人脸在大视角变化下能够正确找到对应点，不需要分别匹配每个模型图，大大减少了计算量。在原有弹性图匹配方法的基础上，Kotropoulos 等提出了形态学弹性图匹配[33]方法。此外，支持向量机也能增强正面人脸识别的弹性图匹配方法的表现。总之，基于 EGM 的人脸识别系统能够获得很好的效果。然而，该方法需要大尺寸的图像（如 128×128 像素），由于基于视频监督方面的图像尺寸普遍比较小，因此限制了该方法在此领域的应用。

7）几何特征匹配

几何特征匹配技术通过计算人脸图像的几何特征来识别人脸，人脸特征的全局匹配对于识别是充分的，这种全局匹配使用一个表示人脸特征的位置和尺寸向量来描述（如眼睛、眉毛、鼻子、嘴和人脸的轮廓形状）。使用几何特征进行自动人脸识别的开创性工作之一是 Kanade[34] 在 1973 年提出的，文献［21］从人脸图像中自动提取一组几何特征（例如，鼻子的宽度和长度、嘴的位置、下巴的形状），35 个特征组成一个 35 维的特征向量，并使用贝叶斯分类器进行分类。总之，基于准确度量特征间距离的几何特征匹配对于大规模数据库识别应用也许是最有效的，但依赖特征定位算法的准确性。目前自动人脸特征定位算法还不能提供高度的准确性，而且需要相当长的计算时间。

8）模板匹配

模板匹配（template matching）的思想是将测试图像表示成2D灰度值矩阵，然后使用适当的度量（如欧氏距离）与表示整幅人脸的模板进行对比。也有其他复杂的模板匹配方法，如使用不同视角的多个人脸模板表示一张人脸，取自一个视角的人脸也能使用多个判别性的小模板进行表示。灰度人脸图像可以在匹配前进行恰当的处理，Bruneli和Poggio[21]自动选择一组四特征模板（如眼睛、鼻子、嘴和整张人脸）表示所有可以获得的人脸，并且比较了几何匹配算法和模板匹配算法在相同数据库（包含47人的188幅图像）中的表现，得出模板匹配优于几何匹配的结论。

模板匹配的缺陷是计算复杂，另一个问题在于模板的描述。因为要求识别系统对于模板和测试图像之间特定的差异有容忍性，这种容忍也许会平均掉不同人脸之间的个性差异。但是一般来说，同特征匹配方法相比，基于模板的方法更具有逻辑性。

9）隐马尔可夫模型

鉴于隐马尔可夫模型（hidden Markov model，HMM）已经成功用于语音、图像和视频应用的瞬态信息建模，Samaria和Fallside[35]将这种方法应用于人脸识别。人脸在直观上分为眼睛、鼻子和嘴等区域，这些区域同隐马尔可夫模型的状态具有一定的关联性。因为HMM需要一维（1D）观测序列，而图像是2D的，所以图像应该被转化为1D的时间序列，或者是1D的空间序列。一种方法可以使用频带采样技术从人脸图像中提取一个空间观测序列，每一幅人脸图像使用像素串联的1D向量表示，每一个观测向量是一个L行的块，并且在相邻的观测中有M行交叠。一幅未知的测试图像首先被采样为观测序列，然后与模型人脸库中的每个HMM进行匹配（每个HMM表示一幅不同的人脸），相关测试表明该方法可以获得很高的识别率，同时其计算复杂度很低。

10）3D形变模型

形变人脸模型基于人脸的向量空间表示，这种表示使一组形状和纹理向量的任意凸组合描述真实的人脸成为可能。调整 3D 形变模型（3D morphable model）识别人脸有两种方式，一种方式是通过调整模型以后，模型参数用于识别人脸，这些参数表示人脸本质的形状和纹理，并且识别独立于成像条件。另一种方式是，3D 人脸重建能产生训练集中相应的合成视角图像，这种合成视角图像是一种依赖训练集拍摄视角的图像，且能够用于识别。Blanz 和 Vetter[36] 将变形的 3D 模型及投影与光照的计算机图形仿真相结合，给出一幅图像后，算法自动估计 3D 模型、纹理以及所有相关的 3D 场景参数，在这个框架下很容易控制深度旋转与光照变化，并且模型包含了所有的姿态和光照。光照模型并不限于朗伯模型，其同时考虑镜面反射和投影，这种反射和投影对皮肤表面有非常大的影响。算法可以利用初始化程序自动估计所有 3D 场景参数，包括人头位置和方向、相机焦长以及光照方向，同时该初始化程序能增加系统的鲁棒性和可靠性。

11）线边缘图

人类能够快速识别线条画，并且能够做到和识别灰度图一样准确。线边缘图（line edge map，LEM）方法利用人脸对线性结构的快速识别这一特点，从人脸图像提取线边缘作为特征，并将模板匹配和几何特征匹配方法相结合进行识别。人脸特征的相似性能够利用 LEM 特征表示进行度量。例如，使用 Sobel 边缘检测算法提取人脸二值边缘图，然后使用 Hausdorff 距离度量两个点集，也就是两张人脸边缘图之间的相似性，Hausdorff 距离不需要表示数据集的精确匹配就可以计算。LEM 具有基于特征方法进行人脸识别的优势，对光照具有不变性，并且不需要大的存储空间，同时使用模板匹配可以获得很好的表现。

在人脸识别系统中，有效的人脸编码是非常重要的。LEM 方法充分利用了这一特点，将人脸边缘图像组成线段，使人脸特征表示集合了结构信息和空间信息。通过细化边缘图，将直线拟合方法用于生成人脸的 LEM 图。LEM 表示只记录了曲线线段的端点，进一步减少了存储空间的需求。同时，由于使用图像中段灰度级的边缘图表示，所以其对光照变化不敏感。

人脸图像的预滤波可以作为 LEM 匹配前的预处理工作，其能够通过减少候选区域的数目提高速度，实际的人脸 LEM 匹配只在模型子集上进行。与特征脸方法相比，LEM 在理想条件下可以获得相同的识别率，在轻微表观变化的识别率显著增强。Gao 和 Leung[37] 指出在光照变化条件下，LEM 方法显著优于特征脸方法，虽然 LEM 方法对姿态变化不敏感，但是明显的人脸表情变化会影响 LEM 的效果。

12）支持向量机

支持向量机（support vector machine，SVM）是人脸识别中广泛应用的技术，它是由 Vapnik[38] 提出的一种有效的分类器。直观上，给出一组属于两类的点集，通过寻找最优的分类超平面可以将属于非同类的点区分开，并且使超平面距离每一类别有最大的距离，同时保证训练样本和未知测试样本具有最小的分类误差和风险。SVM 分类器是一种线性分类器，评估最优超平面等价于求解一个线性约束的二次规划问题。SVM 可以作为一种训练多项式函数、神经网络或径向基函数分类器的新的范例，其特点是最小化结构风险，而大多数训练分类器的方法是基于最小化训练误差，也就是经验风险。很多基于 SVM 的人脸识别方法获得了非常有效的识别结果。

13）3D 人脸识别

3D 人脸识别技术是一项正在被积极研究的课题。在人脸识别中，姿态变化的敏感性是另一个具有挑战性的难题。因为人脸本质上是 3D 对象，所以利用人脸 3D 结构信息进行识别时最容易想到的方法就是 3D 人脸识别。3D 人脸识别具有很多优势：深度图像包含对象的深度结构，能明确表示 3D 形状，并且能够补偿 2D 图像深度信息的缺失；3D 形状对于由环境光照变化而引起的颜色或者反射属性的变化具有不变性；通过对 3D 人脸进行适当的变形，可以获得不同姿态或视角的多幅图像，并能够创建 3D 人脸结构。例如，Lee 和 Ranganath[39] 就利用 3D 形变模型提出一种姿态不变的人脸识别系统。利用深度数据对人脸识别准确率的影响来评价增加的信息价值是非常重要的。在 3D 空间，经常利用深度数据计算曲率描述子表示人脸信息。很多研究者都使用不同的几何估计计算曲率用来处理 3D 识别问题，但是曲率描述并不十分可靠，因此也有人提出使用点信息来表示每张人脸，并将人脸识别问题看成一个非刚性表面的 3D 识别问题。

14）热红外辐射人脸识别

上述可见光人脸识别系统在约束条件下具有很好的表现（如正面图像或恒定光照条件），而在非可控光照条件下（如户外监控应用），可见光人脸识别系统的表现就会急剧下降。可见光人脸识别在检测伪装人脸方面具有很大的难度，而这在高端安全应用方面至关重要。同时可见光人脸识别对光照条件的变化极其敏感，相同人脸图像由于光照变化和观测方向的不同而引起的差异有时甚至比不同人脸差异还要大，其他因素（如人脸表情和姿态）变化会进一步增加人脸识别任务的复杂性。不同肤色对可见光人脸识别也会产生很大的影响，尤其是识别特征中包含了颜色信息的情况下，影响会更加巨大。此外，双胞胎人脸在可见光条件下进行身份识别也会很困难。

针对上述可见光下人脸识别的难题，使用不同成像模式的人脸识别，尤其是红外成像传感器逐渐引起了广泛关注。尽管牺牲了颜色信息，但在没有或者具有很少的光照条件下，热红外辐射人脸识别技术成为有效的替代方法。来自皮肤的热辐射具有独立于光照的内在属性，因此，使用热红外辐射传感器获得的人脸图像在环境照明下几乎是不变的。热红外辐射能量可以在任何光照条件下观察，与可见光相比，不易被烟雾或粉尘散射和吸收。相关文献表明[40]，红外光谱在普通人脸检测、伪装人脸检测以及恶劣光照条件下的人脸识别要比可见光成像更加具有优势。

基于可见光的传感器表示人脸模型的反射信息，而热红外辐射传感器度量人脸模型的生理结构信息。图 1.2（见插页）显示了不同光照和表情下人脸的可见光和热辐射图像特征。(a) 和 (b) 为不同光照方向下的可见光人脸图像，(c) 为不同人脸表情下的可见光人脸图像，(d)、(e) 和 (f) 为对应的热红外图像。

尽管光照和人脸表情在可见光照下变化明显，但是在热辐射图像中几乎不变。因此，使用热辐射图像进行人脸识别可以在很大程度上克服光照和表情带来的不利影响。在热红外辐射图像中，复杂背景不可见，因此人脸检测、定位和分割等任务较可见光图像更加可靠。在极低亮度条件下进行人脸识别对于可见光图像是无法完成的，如图 1.3 (a) 所示，而人脸热红外辐射图像无需考虑环境光照，可以获得鲁棒的热辐射人脸特征，如图 1.3 (b) 所示。

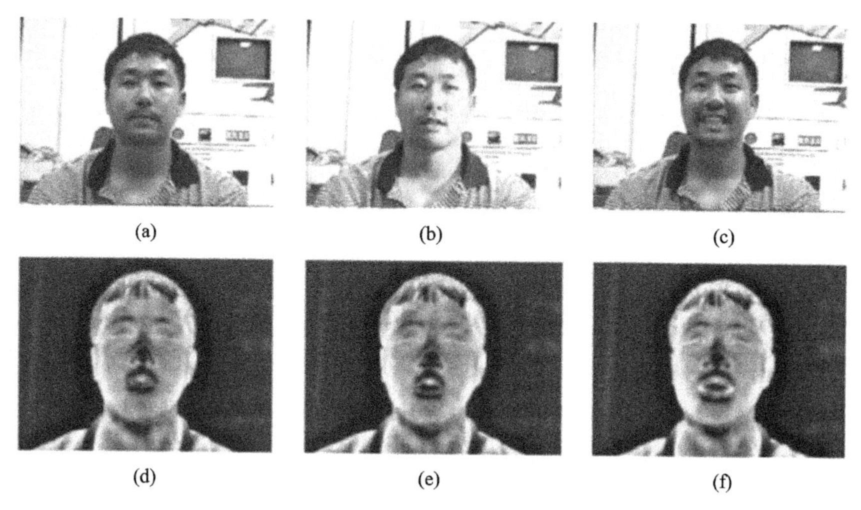

图 1.2　不同光照和人脸表情下可见光和热红外辐射图像比较[41]

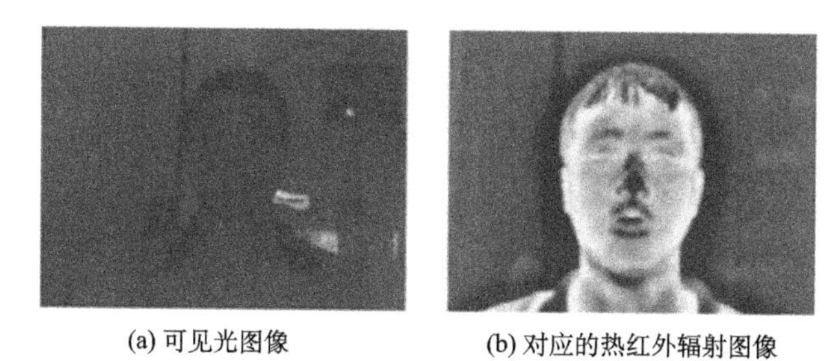

图 1.3　不同光照下的人脸图像[41]

热红外辐射图像或温谱图表示对象散射的热量模式，对象根据自身的温度和特征散射不同的能量，人脸和身体温度范围基本是一致的，在 35.5～37.5℃[41]范围内变化。人脸提供了一个恒定的热量信号，其血管和组织结构对于每个人都是唯一的，因此热红外辐射图像也是唯一的，即使双胞胎也具有不同的温谱图。可见，热红外辐射对于区分长相极其相似的不同人脸也具有很大的优势。

红外摄像头能够提供昼夜 24 小时清晰的图像，甚至在极端天气条件下（如雾霭）也能正常工作。由于人脸辐射热能量，所以不需要外设光源，而可见光光谱传感器需要特定的光照条件，如果不辅助人造光源，夜间无法看清物体，这在很多方面限制了可见光传感器的使用。大多数情况下，人脸热信号与环境相区别，这有利于准确地分割任务，与由身体差异造成的光照、颜色和阴影等不利因素影响的可见光光谱下的人脸识别相比具有很大的优势。此外，由于可见光传感器造成皮肤表面光的反射率变化显著，而红外辐射光谱的散射率相对比较一致，所以不会受到不同皮肤颜色的显著影响。

伪装人脸检测在人脸识别系统高端安全应用中是一项关键性工作。热辐射人脸识别技术在被试进行伪装以及各种光照甚至全黑的情况下非常有意义。变更人脸特征的两种伪装包括人造材料的使用和外科手术两种，人造材料包括伪造鼻子、化妆或假发等，外科手术可以修改人脸特征。在可见光人脸识别中，因为人脸表观通过简单的伪装会发生很大的变化，所以使用伪装或者化妆的个体在没有先验知识的情况下要想被正确识别是不可能实现的。但由于不同的人造材料产生的人脸热辐射信息是不同的，同时人类皮肤的热辐射特性具有唯一性和普遍性，所以使用热红外辐射光谱很容易检测出各种伪装。热红外辐射的另一个独特优势在于发现人体皮肤进行外科手术的能力，整形手术可以增加或者减少皮肤的组织结构（重新分配脂肪、增加硅胶、创建或去除伤疤），这些外科手术也许会引起血流的变化，进而导致在热成像图中产生明显的冷斑现象[41]。

热辐射图像也有自身的局限性。例如，当佩戴眼镜或者坐在移动的车内时，由于玻璃会阻止大量热辐射能量，从而导致人眼信息的损失。周围环境或身体温度的显著变化也会改变人体的热辐射特征，但可见光图像却不易受到周围环境或身体温度变化的影响。此外，热辐射传感器普遍要比可见光传感器昂贵，这也限制了热辐射成像的广泛应用。

可见光成像与热辐射成像具有各自的优势和劣势，因此针对不同的应用环境，要有侧重地选择具体的图像获取设备。总之，目前人脸识别方法种类繁多、发展迅速，这里只是列举了一些比较典型的方法，还有很多方法未列入其中。由于应用环境千差万别，要求也不尽相同，尤其当面临现实生活中各种难题时，现存的人脸识别技术几乎都受到某种限制。为了改善人脸识别的表现，人脸识别技术还需要努力完善。

1.4.2 人耳识别

外耳形状是一种调查犯罪嫌疑人身份的有价值的手段。100 多年前，法国刑事学家 Bertillon Alphonse[42] 首次提出使用人耳进行身份识别的可能性。1906

年，Imhofer Richard 利用四种不同的特征区分 500 只不同的人耳[43]。1949 年，美国警员 Iannarelli Alfred 首次指导了大规模人耳识别的研究，收集了 10000 幅人耳图像，使用 12 种特征清楚地分辨出不同人的身份[44]。Iannarelli 也在双胞胎和三胞胎人群中做了相关实验，发现这种情况下的人耳也是不同的。尽管 Iannarelli 的工作缺乏复杂的理论基础，但是人们普遍相信外耳形状具有唯一性。

关于外耳形状随时间变化的研究显示，外耳形状从胚胎形状开始进化，因此其结构不是完全随机生长的，而是受到细胞分裂的影响。人耳表面形状受此影响的最好证明就是同一个人的左耳和右耳，尽管非常相似，但是仍然不是完全对称的[45]。人耳随着年龄的增长只是在尺寸上发生轻微变化。这主要是因为随着年龄的增长，只有人耳软骨组织发生微小的改变，这减小了皮肤弹性的变化。对人耳识别的短期影响显示，识别率不会受到年龄的影响。

人耳很容易捕获，即使被试不充分配合，也能够很轻松地拍摄到人耳图像。因此，人耳识别对于智能监控和法律图像分析任务尤为适合。法律调查指出，生物特征的观测已成为一种标准技术，并且作为证据用于很多案件中。为了研究耳纹（ear print）能否作为证据，有关法律的人耳识别项目（forensic ear identification project，FearID）于 2006 年由意大利、英国和荷兰等 9 家研究机构发起。在他们的测试系统中，获得了 4%的等误差率，并且得出耳纹能用于半自动识别系统的结论[46]。德国刑事警察收集监控照相机图像中的人耳生物属性以及其他的表观属性作为证据，用于识别嫌疑犯的身份。这些研究结果表明人耳完全具有作为身份验证的唯一性、稳定性和可靠性。

虽然人耳识别的准确性没有指纹和虹膜高，但是由于不需要与被试接触或对其进行各种询问，所以更易于被人们接受，具有更广阔的潜在使用价值。此外，人耳在进行个体身份鉴别时还具有其独特的优点。

（1）相对于人脸图像来说，人耳图像不受表情、化妆的影响，也不易损伤。经过处理后耳环、镜架等影响也可消除。

（2）人耳图像具有更一致的颜色分布，在转化为灰度图像时信息损失少，而对人脸图像进行同样的操作，眼睛的颜色信息几乎全部丢失。

（3）人耳图像表面更小（为人脸的 1/20～1/25），信息处理量更少，效率更高。

尽管人耳识别具有很多独特的优势，但是也有很多需要进一步探究的难题。

（1）自动人耳定位。在很多文献中都使用了已经手动分割好的人耳图像，实时系统中鲁棒的自动人耳检测仍是一个没有解决的问题，而快速可靠的自动人耳检测在自动人耳识别系统中非常重要。

（2）遮挡以及姿态变化。同人脸相比，人耳能够部分或者全部被头发或者饰物、耳机、珠宝、麦克风等遮挡，在姿态发生变化时也会发生遮挡情况。在一些公开发表的文献中，有些关于遮挡的影响清楚地给予了说明，有的则没有。此外，公开数据库中若包含遮挡情况，在用来测试姿态变化的解决方法，以及人耳检测和特征提取的鲁棒性方面也非常有用。

（3）规模问题。目前能够获得的数据库包含的人耳图像少于10000幅，在实际环境中，数据库的规模将是非常巨大的，这使得穷举搜索方法识别身份并不现实。因此除了准确性，识别系统的速度也将是未来研究的热点。

（4）对称性和年龄的理解。人耳识别是生物特征的新领域之一，由于缺乏充分的数据证明，遗传和年龄对外耳的影响仍然没有准确的答案。此外，对于左耳和右耳的对称性仍然没有清楚的理解，需要进行大规模的人耳对称性研究。因此，将来另一个研究的兴趣也许会是遗传和对称对于生物特征模板的判别性的影响。

鉴于人耳识别的上述优势，下面详细介绍目前典型的人耳识别方法，将人耳识别方法按照提取特征的方式分为六大类：全局方法、局部方法、混合方法、分类器和统计方法、3D方法和红外方法。

1）全局方法

全局方法一般将完整人耳作为一个整体来考虑，关注人耳的整体特征。目前很多学者和技术人员都提出了自己的相关算法。

在很多情况下，生物特征的研究与法学研究是并驾齐驱的，人耳早已成为法学研究的重要组成部分。人耳生物特征在法学应用中使用最多的就是耳纹（earprint或earmark）[47]，如果一个人将他的耳朵贴在坚硬的物体表面上，就会在上面留下印痕，这种印痕可以被制成耳纹，就如同犯罪现场留下的指纹一样，如图1.4所示。

英国南安普顿大学教授马克·尼克松带领的科研小组对耳纹识别做了大量的研究，包括耳纹的收集、耳纹的人类学分析、提取耳纹介质的选择、耳纹的处理、耳纹的匹配识别等。耳纹的收集不同于人耳图像可以直接通过照相机或摄像机等拍摄得到，它会受到很多因素的影响，如采集时环境的噪声、作用力的大小、提取和保存耳纹的介质不同、采集时间的长短等。耳纹识别有很多种方法，例如，交叠方法将两只耳纹进行比较，通过人的观察确定两者的相似度。在计算机系统中，交叠方法可以在屏幕上进行，并且通过计算交叠程度来比较。一种有效的替代方法是基于特征的方法，典型的特征是基于解剖学机理的特征点之间的距离或边界点的曲率半径，耳纹特征在图像中被提取并且记录为特征列表，现代图像处理技术能够实现半自动化或全自动化的特征提取并生成列表。

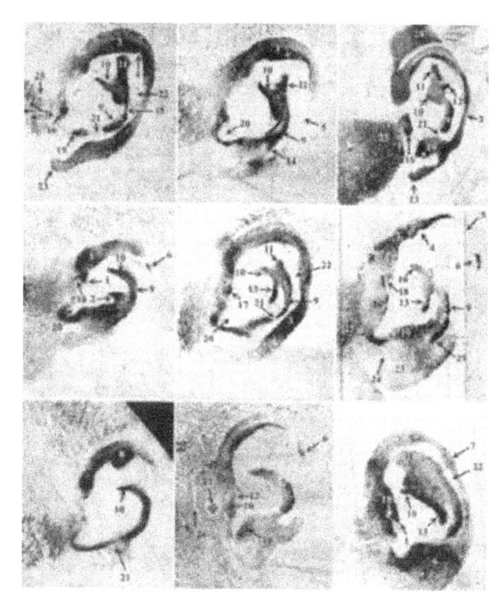

图 1.4　耳纹示例[47]

比较典型的方法是 Iannarelli Alfred 人耳识别系统[44]。最早研究人耳生物特征的是美国犯罪学研究专家 Iannarelli Alfred，他的人耳分类系统已经被美国法律执行机构采用并应用了 40 多年。“Iannarelli 系统”通过在一张放大的人耳图像上放置一个包含 8 根轮辐的透明罗盘，在耳朵周围确定 12 个测量点，如图 1.5 所示。

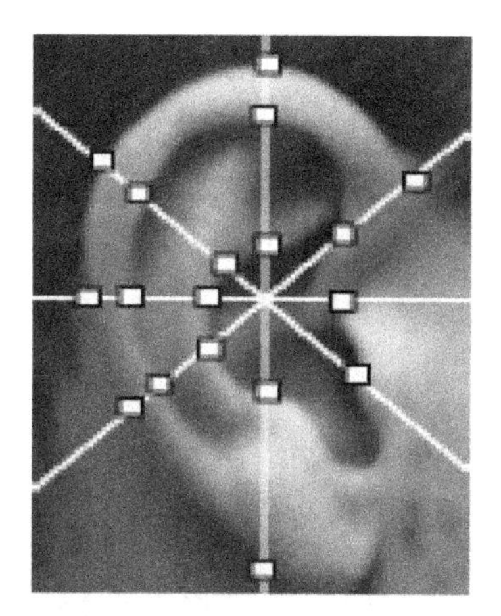

图 1.5　Iannarelli 人耳测量[44]

由于这种方法需要增加空间的维数（使用更多的测量段或更小的测量单位），并且以耳廓解剖学特征点作为测量系统的基础从而不易定位，但所有的测量都取决于原点的精确定位，所以该方法目前还不能用于人耳的自动识别。

另一种比较有影响力的方法是场力转换人耳识别。Hurley 等[48]提出的场力转换方法获得了普遍的关注，该方法假设每个像素与其他像素之间有相互吸引力，这种力与强度成正比，与像素间距离的平方成反比，类似于牛顿万有引力定律，这种能量场以一种平滑脊线的形式表现出来。Hurley 等认为定义特征空间的目的是在保持类别上的判决能力的同时，尽量减少模式空间的维数。场力转换方法中的图像作为高斯吸引子的排列对象，而这种吸引子是场力的来源，场力的方向属性可以用来自动定位数量不多的势能井和势能通道的位置，如图 1.6 所示。

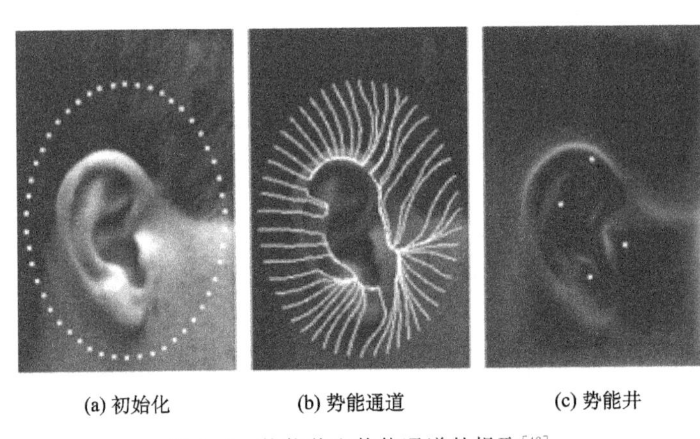

(a) 初始化　　(b) 势能通道　　(c) 势能井

图 1.6　势能井和势能通道的提取[48]

由场线描述的场力结构显示了显著的稳定性，即使初始位置改变或者图像成比例缩放，也会得到相同的描述结果。由于内在的平均性，整个方法在实现过程中的抗干扰性非常强。该种方法已经应用到小型的人耳库中，初步结果显示此种方法能被用在自动人耳识别系统中。

随着研究的不断深入，Hurley 等在场力转换的基础上进一步提出了收敛特征（convergence feature）提取方法。这种方法是在详细分析场线特征的基础上提出的，如图 1.7 所示。

收敛域图清楚地显示了白色的脊和收敛峰与场线特征图中的势能通道和势能井的对应关系，而从场域图中箭头的方向可以很清楚地观察到势能井的位置和势能通道的趋势[49]。

Kumar 和 Wu[50] 提出使用 log-Gabor 滤波的相位信息对人耳结构进行编码的方法，编码的相位信息存储在归一化的灰度级图像中，实验结果显示这种方法优

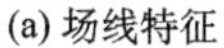
(a) 场线特征

(b) 收敛域图

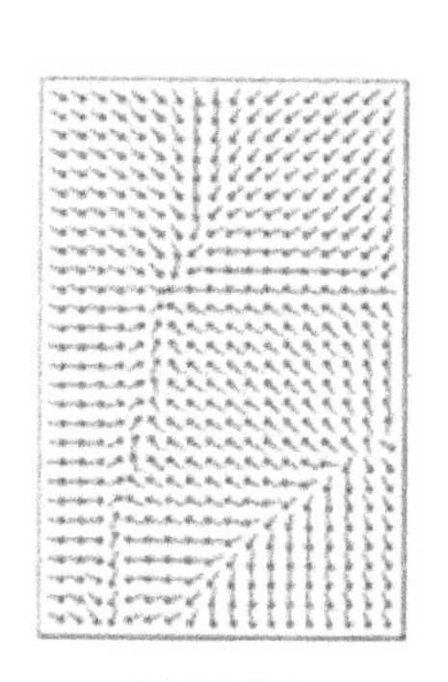
(c) 场域图

图 1.7　收敛域[49]

于场力转换方法和基于地标的特征提取方法。

Abate 等[51]使用傅里叶描述子表示特征的旋转和尺度不变性，图像被转换到极坐标系以及频域空间。为了确保在极坐标系下形心位置不变，人耳图像需要在变换坐标系前进行对齐操作，外耳作为对齐操作的参考点，使极坐标系的中心总设置在外耳区域。

Fooprateepsiri 和 Kurutach[52]探讨了多分辨率图像的迹变换（trace transform）和傅里叶变换，输入图像使用迹变换后串联，表示为特征向量。迹变换的优点在于，特征向量对于旋转和尺度变换具有不变性。此外，实验结果显示描述子对于姿态变化具有很好的鲁棒性。

Sanaa 等[53]使用 Haar 小波变换后的小波系数作为特征表示。使用 4 级小波变换，每级提取部分系数，组成特征向量，然后用于识别。

de Marsico 等[54]提取 PIFS 特征，通过计算图像中相似子区域的仿射变换度量图像的自相似性。为了保证系统对遮挡的鲁棒性，他们将人耳分为相等的几块，如果其中一块被遮挡，其他块仍旧包含有丰富的判别信息。通过实验显示，这种方法在有遮挡情况下比其他特征提取方法优越。

矩不变特征是一种描述形状特殊属性的统计特征。Wang 等[55]利用 7 个矩不变性组成 6 种不同的特征向量，并显示每一种矩不变特征对于尺度和旋转都是鲁棒的，然后利用反向传播神经网络进行分类。

2）局部方法

如果全局方法关注图像的整体特征，那么局部方法则注重人耳的局部细节。最典型的尺度不变特征转换（scale invariant feature transform，SIFT）被认为是一种鲁棒的特征提取算法，且对于小的姿态变化和大的光照变化具有比较优秀的表现。SIFT 描述子包含了局部方向的度量，能够用来估计两幅归一化后人耳图像的旋转和变换。Bustard 等研究了 SIFT 算子处理 20°以下姿态变化的情况[56]。然而，SIFT 特征点的分配非常重要，尤其在姿态变化情况下，在具有高度结构的图像区域，SIFT 特征点的密度及冗余就会很高，以至于不可能分配得特别合理。因此，在比较之前往往需要进行滤波处理。

Burge 等[57]提出了一种基于人耳边缘段 Voronoi 图表构建相似图的方法，通过匹配耳朵图像的子图完成识别。这种方法不仅不受几何变换和光照的影响，而且还考虑了误差校正的问题。

Kisku 等[58]将人耳图像分为几个不同的颜色区域，并阐述了正确分配特征点的问题，SIFT 地标从每一个分割区域分别提取，减少了表示相同特征的 SIFT 地标出现的可能性。

Prakash 和 Gupta[59]提出的方法中融合了加速鲁棒特征（speeded up robust features point，SURF），使用多幅输入图像用于注册，存储所有的 SURF 特征点作为融合特征向量，最后使用最近邻分类器进行分类。

在 Iannarelli 的启发下，Choras[60]提出了一种同心圆几何特征提取方法，使用 4 种不同的边缘图像特征进行定位，外耳与预先定义半径的同心圆交点作为特征点，这是轮廓跟踪方法的一种延伸，使用分叉点、端点和交点作为补充的特征点。在角度表示方法中，使用中心点与同心圆交点之间的角度作为特征表示，最后应用三角比率方法决定参考点之间的归一化距离，并使用距离参数作为人耳描述。

局部二值模式（local binary pattern，LBP）是在像素级上提取特征的一种方法，使用中心点与近邻点之间像素的差异进行编码。Wang 等[61]提取 LBP 描述子并且使用直方图统计 LBP 的分布，然后使用最近邻进行分类。

3）混合方法

Jeges 和 Mate[62]提出的方法既使用了局部特征，也包含全局特征。在第一步特征抽取阶段，使用一组训练图像生成一个平均边缘模型，这些边缘表示外耳轮、对耳轮、三角窝和外耳等。然后，通过变形人耳模型直到满足测试人耳图像的真实边缘，将形变的参数作为特征向量的一部分，使用一组预先定义的坐标轴与主边之间的交点当做补充特征，共同作为特征向量表示图像。

Liu 等[63]融合了正面与背面人耳，通过使用三角比例方法和切比雪夫矩描述子（Tchebichef moment descriptor）提取特征。人耳背面使用很多与人耳轮廓最长轴相垂直的线段来描述，这些线段度量预先定义点处耳廓的局部直径，这种融合方式获得了比单一特征更好的识别率。

Lu 等[64]使用主动形状模型提取人耳轮廓，首先使用手动方法分割出人耳图像，然后选择人耳轮廓上的一些特征点，并计算这些点到耳屏的距离，共同组成特征向量表示人耳特征。特征向量使用 PCA 方法进行降维，并利用线性分类器进行分类。

4）分类器和统计方法

好的分类器和统计方法对人耳识别影响巨大。Victor 等[65]首次将用于人脸识别的特征空间方法用于人耳识别，他们认为人耳作为特征的表现要比人脸差，这也许是 Victor 等的实验中认为左耳和右耳具有对称性的缘故。Alaraj 等[66]提出将 PCA 用于人耳识别，并用多层反馈神经网络作为分类器进行识别。

Zhang 和 Mu[67]研究了有效的统计方法，使用 ICA 方法进行人耳识别获得了比 PCA 更好的识别结果。首先使用 PCA 和 ICA 降维，然后使用训练的 SVM 作为分类器。

Xie 和 Mu[68]使用改进的局部线性嵌入式（locally linear embedding，LLE）算法对人耳特征进行降维。LLE 是一种将高维数据投影到低维空间的技术，同时保留了数据点之间的联系，需要将数据点以某种方式贴标签，以便固定它们的联系。改进的 LLE 方法消除了使用不同距离函数度量的问题。此外，他们指出该种方法优于 PCA 和核 PCA 方法。

Nanni 和 Lumini[69] 提出使用顺序浮动前进选择算法（sequential forward floating selection，SFFS）进行人耳识别。该方法使用统计迭代方法进行特征提取，通过创建一系列最适宜当前特征集的规则，尽力寻找最优的一组分类器。每次增加一个分类器创建规则集，并利用预先定义的拟合函数评估其判别性能。如果新的规则集较优，那么新生成的规则被添加到规则集中。分类器融合了加权求和原则，并选择最具判别性的子窗口，该子窗口对应最优规则集。

Yuizono 等[70] 把寻找人耳图像特征的问题作为一个优化问题，并且应用遗传局部搜索算法迭代求解。通过选择不断变化的局部子窗口作为遗传选择的基，描述了不同参数下遗传局部搜索的行为。

Yaqubi 等[71] 融合了位置和尺度容错边缘检测器，获得图像多个位置和方向的特征。这种特征提取方法称为 HMAX 模型，它是受到灵长类动物视觉皮质的启发，融合简单的特征到更加复杂的语义实体，并使用 SVM 和 KNN 最近邻分类器进行分类识别。

Moreno 等[72] 在人耳图像中对应 Iannarelli 的显著特征点处定位 7 个地标。此外，还使用一个形态学向量描述人耳，两种特征作为一个整体共同表示人耳图像，使用神经网络作为分类器。

Gutierrez 等[73] 将提取的人耳分割成 3 个相同尺寸的块，上部分显示耳轮，中部分显示外耳，下部分显示耳垂。对每个子图进行小波变换，然后使用神经网络进行分类，分别使用不同的积分方法和学习函数，将每个模块的结果进行融合，获得最后的判别。

Naseem 等[74] 提出一种基于压缩感知的分类方法，他们假设本质上大部分信号都是可以压缩的，任何压缩函数都能获得这个信号的稀疏表示。大量的实验显示，稀疏方法对于姿态转换和光照变化具有很强的鲁棒性。

5）3D 方法

2D 人耳识别中的姿态变化以及相机位置的改变都会严重影响识别效果。所谓的平面外旋转仍是一个未解决的挑战，由于 3D 表示可以进行任意角度或尺度的旋转，所以使用 3D 模型是一个非常有潜力的解决思路。除此之外，由于人耳是 3D 物体，从 3D 人耳数据中能够更好地提取人耳的沟回等结构信息，且受人耳姿态、遮挡和光照等因素的影响较小，3D模型包含的深度信息能被用于增强人耳识别系统的准确性。然而，大多数3D人耳识别系统都倾向于需要巨大的计算量。

目前，基于三维信息的人耳识别技术还是一个比较新的研究方向，最具有代表性的研究机构主要有美国加州大学河滨分校智能系统中心和美国圣母（Notre Dame）大学计算机科学工程系。Yan等[75]经过大量的实验证明，与基于2D图像的人耳识别方法相比，基于3D信息的人耳识别方法具有更高的准确性。在此基础上，Yan和Bowyer[76]提出了一种全自动的3D人耳识别方法，首先利用3D数据和二维图像提取人耳区域，然后使用迭代最近点（iterative closest point，ICP）算法对三维人耳形状进行匹配，最后根据匹配误差来进行识别。他们将人耳模型分解为体素，并从每个体素提取表面特征。为了加速对齐过程，每个体素被分配一个索引，只需要使用相同的索引对齐体素对就可以完成对齐工作。

Bhanu和Chen[77]提出使用局部表面形状描述子进行3D人耳识别。在此基础上，他们使用人耳形状模型对人耳区域进行检测，并分别使用耳轮/对耳轮和局部面片来表征待匹配的3D表面，通过改进的两步ICP算法进行匹配和识别。

尽管ICP是最先被用于图像配准的方法，但是配准误差可以作为两个3D图像差异性的度量手段。并且由于ICP是被用来作为配准的算法，因此对于所有种类的转换或者旋转都具有鲁棒性。然而，ICP容易陷入局部最小值，因此ICP需要两个模型进行粗对齐。

Cadavid等[78]提出利用2D闭路电视（closed circuit television，CCTV）视频图像重建3D模型进行实时的人耳识别。其主要使用阴影技术恢复形状，然后将3D模型与参考的3D图像（存储在训练集中）进行比较，使用ICP进行模型对齐以及差异度量计算，但是该方法对于姿态变化敏感。

Zhou等[79]使用局部直方图特征体素模型的方法，并指出他们的方法更快，同时比基于ICP的方法[76,77]更加准确。

同Cadavid等提出的方法相似，Liu等利用2D图像重建3D人耳模型[63]。利用立体照相机中的两幅图像获得人耳的3D表示，并将得到的3D网格使用PCA方法进行识别，但是没有给出相关结果。

Passalis等提出一种实时3D人耳识别系统[80]，首先计算一个参考人耳模型用来表示平均人耳。在注册阶段，所有图像进行变形直到符合参考人耳模型。所有的转换和变形作为特征，如果输入一个待测图像，也需要记录将该图像调整至平均模型的转换和变形，最后比较训练特征与测试特征。该方法的复杂度为 $O(n)$，而基于 ICP 的方法复杂度为 $O(n^2)$。

Liu 和 Zhang[81]受到计算机断层摄影的启发，提出基于切片曲率对比（slice curve comparison）的特征提取算法。这种方法的 3D 人耳模型由若干切片组成，它们垂直于耳垂到外耳轮廓最高点之间的最长距离，每个切片提取的曲率信息与表示切片位置信息的索引值共同组成特征向量。该方法只在未公开的数据库中进行了测试，并没有说明数据库中是否还有遮挡或者位置变化情况。Islam 等[82]连接描述 3D 人耳模型的点云形成网格。在网格中交替地减少人脸的数目，简化后的网格使用 ICP 方法对齐，对齐误差被用于度量两个简化网格之间的相似性。

Zeng 等[83]在 3D 模型的每一点提取形状索引，并将 3D 模型投影至 2D 空间。3D 形状索引在 2D 图像对应位置处使用灰度值表示，然后从形状索引图中提取 SIFT 特征。对于每一个 SIFT 点计算一个局部坐标系，z 轴为对应的特征点的法向量。对于每一个选择的 SIFT 特征点都会获得一个局部灰度值图。最后提取 LBP 纹理特征用于识别。

3D 模型信息含量固然丰富，但是计算代价比 2D 识别更大，耗时更长。同时很多 3D 成像仪器造价昂贵，很难应用于公共领域。

6）红外方法

在现实生活中，人耳经常会被头发和饰物等遮挡。为了配合识别系统，就需要被识别者露出完整的人耳，但是这样的识别系统缺乏友好性。为了解决遮挡问题，Yuizono 等[70]提出了红外人耳图像识别，又称为人耳温谱识别，如图 1.8（见插页）所示。

在红外图像中，由于人头侧面温度的不同而呈现出不同的颜色和纹理。头发的温度在 27.2～29.7℃，人耳的温度在 30.0～37.2℃。这样，通过检测高温部分的图像可以定位出人耳，并且可以对红外的人耳图像进行特征提取和分类识别。

这里需要说明的是，人耳识别方法很难进行严格的归类。有些方法即使归入

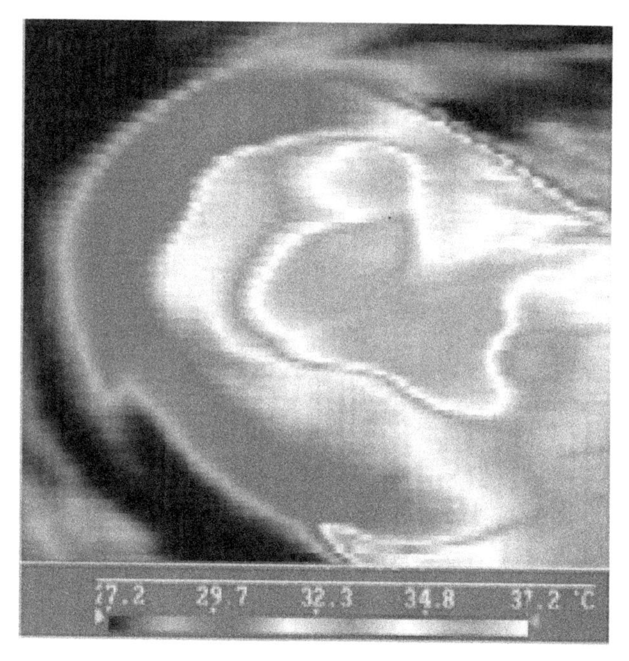

图 1.8　人耳红外图像[70]

某类，但如果从其他的角度进行考虑和衡量，也许就会归入另一类。如 LBP 方法，由于 LBP 描述子关注图像的细节信息，所以可以把该种方法归入局部方法中。但是 LBP 使用统计方法计算纹理谱特征，因此也具有统计方法的特点。虽然人耳识别方法种类繁多，但是每一种方法都有其各自的优缺点，人耳识别技术还有很多无法避免的难题有待解决，如姿态、遮挡、光照等。可见，人耳识别还处在探索阶段，但是从人耳识别的特点和前期的研究工作可以看出，人耳识别是一项较有前景的个体身份识别技术，对于丰富生物特征识别技术也是一种有益的尝试。

1.4.3　指纹识别

人类使用指纹作为个体身份识别已经有几百年的历史了，使用指纹进行匹配的准确率非常高，在刑事侦查中也是法医应用最为广泛的生物特征之一。指纹具有普遍性，同时也具有稳定性，在胎儿发展的前 7 个月，指纹就已经形成了，且持久稳定。经过调查，不同人的指纹具有明显的差异性，即使双胞胎的指纹也是不同的。基于上述优点，指纹识别的准确率很高，已成为目前最可靠的生物特征识别技术之一。指纹识别的另一个显著优势在于成本低廉，目前指纹识别器的成本大约为 20 美元[9]，系统中嵌入指纹识别器的边际成本更加实惠，很多应用中都能够被轻松负担，如笔记本电脑中就包含指纹识别的功能。

指纹是在指尖表面形成的一种谷脊模式，一般分为六大种类[84]：拱形、帐篷形、左环形、右环形、涡旋形和双环形。指纹图像经过预处理和归一化后，抽取统计和结构特征用于分类。

一般来说，指纹识别方法大致分为两大类[85]：基于细节的方法和基于图像的方法。总体来说，要么使用细节信息进行分类，要么使用脊线属性和参考点进行分类。错误的脊线结构信息会使细节信息点和参考点发生改变，为了减少识别误差，经常在分类前对指纹图像进行增强操作，尤其对于低质量的指纹图像。值得一提的是，全息技术[86]也被应用到指纹识别中，该项技术是 Aprilis 公司研发的。其关键技术在于高分子光聚合物材料的研制，使用这种材料的指纹识别系统，可以检测带有水珠或汗液的手指指纹。首先利用两束相干光源（目标光束和参考光束）的干涉存储信息创建全息指纹库，目标光束取自感兴趣的图像或模式，这里为指纹图像，目标和参考光束干涉后产生明暗 3D 模式（全息图形式），并存储在感光材料（如高分子光聚合物）中。为了重建原始对象的 3D 信息，使用参考光束再次照射该全息图的 3D 模式，利用衍射效应可以完成原始对象的 3D 图像重构。图 1.9（见插页）显示了利用该种方法测出的真实指纹与伪造指纹的不同表现形式。前三幅指纹图像为真实手指接触玻璃成像仪后显示的反射光颜色变化情况，最后一幅为伪造的指纹情况，可见这种指纹识别技术也可以防范其他伪造材质的指纹模式。

目前指纹识别系统用于验证模式以及小规模或者中度规模的数据库，在涉及几百人的情况下可以获得满意的准确性。一个用户的多幅指纹图像能够提供更多的额外信息，这种注册方式允许实现涉及几百万人的大规模识别。但是，目前指纹识别系统的问题在于需要大量的计算资源，尤其在识别模式下更是如此。此外指纹识别的另一个难题在于，由于基因、年龄、环境（潮湿、干燥、压力、油渍）、职业（例如，体力劳动者的手指上有很多刀疤或者伤痕，并且指纹随着伤口的愈合不断变化）的原因，一小部分人的指纹也许不适合自动识别。

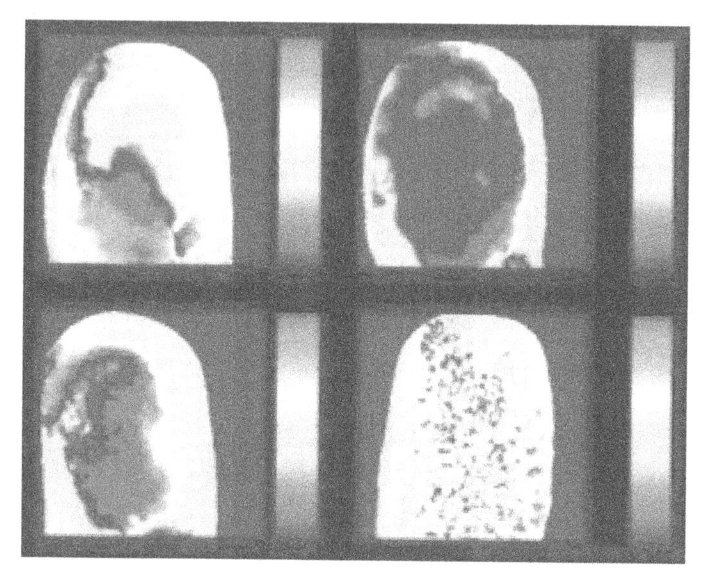

图 1.9　真实指纹与伪造指纹的不同表现形式[86]

1.4.4　语音识别

声音属于生理和行为相结合的生物特征。个体声音特征依赖声音合成所需要的声道、口腔、鼻腔和嘴唇等器官的形状和尺寸，语音的生理特性对于个体来说是不变的，但是其行为特征会随着年龄、医学条件（如寒冷的环境）、情绪状态和健康情况等因素的变化而发生改变。声音也不是非常与众不同的，不同的说话习惯（如节奏、语调或方言等），也可以被经过特殊训练的人模仿，因此语音识别不适合大规模的识别。依赖文本的语音识别系统基于提前准备的表达内容，而不依赖文本的语音识别系统不考虑说话人所说的内容，且使用语言的种类并不重要，设计这种识别系统要比前者更加困难，但却可以对欺诈行为提供更加有效的防范作用。语音识别的缺点在于语音特征对很多因素敏感（如背景噪声），因此语音识别最适合使用耳机，但是经过耳机的声音信号会由于麦克风和信道在能量和质量上产生衰减。

语音识别不需要很昂贵的硬件设备，因此是目前最容易实施的验证方法之一。在比较参考和测试语音之前，需要进行时间配准工作。语音信号的配准可以通过动态时间规整来完成，一旦完成配准工作以后，测试与参考信号的对应帧就能够直接进行比较。对于每一对测试和参考信号，需要计算“局部距离”，而整体距离需要利用平均整个信号长度范围内的局部距离计算获得。Niesen 和 Pfister[87]提出使用人工神经网络（artificial neural network，ANN）距离度量方法进行判别，使用欧氏倒谱距离作为优化准则。在该种方法中，人工神经网络是一个由双曲正切函数构成的充分连接的多层感知器，使用反向传播方法进行训练，并利用线性转换将数据归一化为零均值和协方差矩阵。为了克服由于同时使用倒谱系数的一阶和二阶导数而引起的全局距离扭曲问题，该方法使用并行人工神经网络，即第一个人工神经网络使用倒谱系数，第二个人工神经网络使用倒谱系数的一阶导数，第三个人工神经网络使用倒谱系数的二阶导数。尽管倒谱系数或瞬态特征已经承载了很多的信息，但是倒谱系数及其导数的有效结合能够提供更加优秀的表现。

Misra 等[88]提出了一种与文本无关的说话人特性信息投影方法用于语音识别。其利用多层前馈神经网络的映射属性为每个说话人建立一个模型，使用倒谱系数得到线性预测编码，并获得恰当的表示向量，利用线性预测分析得到包含显著语言信息或者语言和说话人信息的参数，然后推导映射函数。测试时，参数向量输入到每一个多层前馈神经网络，期望输出向量与实际输出向量的差异作为该帧的距离度量。此外，还有使用神经网络和小波分析相结合[89]、神经网络和隐马尔可夫相结合[90]的语音识别方法等。

1.4.5 签名识别

近年来，伴随着网络的迅猛发展和个体身份认证在多种领域应用需求的不断增加，签名识别技术重新引起了大家的关注。

签名识别用于身份认证已经有相当长的时间了，因此在生物特征识别中占有非常重要的位置。签名作为一种识别个体身份手段普遍存在于管理和财政体系中，利用签名分析不需要侵犯式的度量，并且人们在日常生活中对其非常熟悉，从心理上也能够广泛接受。

然而，签名是一种行为特征，会随着时间而改变。同时受到签名人身体和心理条件的影响，部分人的签名变化很大，甚至有时书写一连串的签名都会有显著的不同。尽管已经大量提出基于复杂的心理物理机制理论模型和水印处理等签名识别方法，但签名识别只能通过一小部分参考样本判别真伪，仍然是一个公开的挑战。

签名识别涉及从人体解剖学到工程应用，从神经系统科学到计算机科学和系统科学的各个方面。很多国家已经制定了相关法律条文[91]，国内外很多联合会和科研院所制定了签名数据交换格式的标准[92]，目的在于促进签名识别技术和其他标准设备的集成，完成其在银行、保险、医疗保健、ID安全认证、资料管理、电子商务和零售机（point of sale，POS）等商业领域的应用。

签名识别过程包括数据获取与处理、特征提取和匹配分类等几个步骤，下面分别进行介绍。

（1）数据获取与处理。这个步骤包括预处理和分割两项重要的操作。基于数据获取方法，签名识别系统可分为静态系统（离线）与动态系统（在线）两大类。静态系统使用离线获取设备，在完成签名操作后获取数据。在这种情况下，签名使用灰度图像$\{S(x, y)\}_{0\leqslant x\leqslant X, 0\leqslant y\leqslant Y}$表示，其中$S(x, y)$表示在图像位置$(x, y)$处的灰度级。而动态系统使用在线获取设备，可以在书写过程中产生电子信号。在这种情况下，信号可以作为一个序列$\{S(n)\}_{n=0,1,\cdots,N}$，其中$S(n)$是在时刻$n\Delta t$采样的信号值$(0\leqslant n\leqslant N)$，$\Delta t$是采样周期。因此，离线情况涉及签名图像的亮度的处理，而在线情况关注的是签名时空表示的处理。

在预处理阶段，输入数据的增强一般根据标准的信号处理算法[13]。当静态签名时，典型预处理算法包括签名提取、利用中值滤波去除噪声、形态学操作、签名尺寸归一化、二值化、细化、模糊等。在这个应用领域中，一个重要的课题就是银行支票静态签名图像的预处理。实际上，银行支票图像非常复杂，一般包含彩色绘画背景、若干标识以及一些预先印好的条款。因此，从支票提取签名的处理非常困难，随着银行准确性以及其他金融机构需求的不断提高，其将会一直被广泛研究。典型的用于动态签名识别预处理算法包括滤波、噪声去除和平滑。傅里叶变换、数学形态学以及高斯函数也被广泛使用。

分割的质量会严重影响签名识别后续阶段的效果。同一签名者的不同签名存在局部的拉伸、压缩、省略或增加部分，彼此并不相同。这使签名的分割成为一项复杂的任务，因此签名分割被重点关注，并提出了很多相关技术。一般来说，分割技术来自于签名的特殊特征，并且反映特殊的手写体签名。最简单的静态签名分割方法来自结构的描述，很多利用轮廓等高线算法通过获得连通分支进行结构分析并识别[93]。也有利用方向数据的统计[94]进行的离线签名分割，这种方法利用梯度方向的局部一致性提取纹理特征，使用Sobel描述子进行计算。对于动态签名，一些分割技术直接来自输入签名的信号表示，广泛的分割技术使用压力信息，把签名看做一系列书写单元，由一笔一笔的间隔来限定。书写单元是签名的规范组成部分，每一笔的停顿处即奇异点，起笔和收笔信号常被用来分割签名的组成部分[95]。实验证明，奇异点只能出现在个体签名的特定的位置。其他的方法则专门使用起笔笔画进行签名识别，因为计算机能记忆起笔笔画却无法观测，所以蓄意模仿这些笔画的可能性很小。还有的分割技术使用曲线和角度的速率信号，必要时也使用静态特征。签名关键点的检测也是一种不同的分割技术，点的重要性依赖被选择点和邻近点之间书写角度的变化。

为了将两个或更多的签名完美地分割，动态时间Warping（dynamic time warping，DTW）算法被广泛用于签名分割[96]。根据统一的空间准则或者几何边界位置，在第一个签名被分割以后，DTW被应用于确定其他样本的相对应的点。

（2）特征提取。签名识别中一般使用两大类特征[13]：函数和参数。当使用函数特征时，签名经常借助时间函数进行特征化，函数值构建特征集。当使用参数特征时，签名被特征化为元素的向量，每一个元素表示一个特征值。一般来说，函数特征比参数特征具有更好的表现，但是通常在匹配阶段需要巨大的计算量。参数一般分为两大类：局部参数和全局参数。全局参数考虑整个签名，典型的全局参数是签名的总体时间、起笔次数、组成部分的数据、全局方向、数据转换获得的系数等。局部参数考虑签名特殊部分特征的提取，依赖详细考虑的层次。局部参数可以分为组成部分的方向参数，这种特征从每一个组成部分提取（如笔画的高宽比、相对位置和方向等）。还可以分为像素方向参数，这种参数在像素层进行提取（如基于网格的信息、像素密度、灰度级强度、纹理等）。值得注意的是，一些参数（一般指全局参数特征）也能被应用于局部，反之亦然。例如，基于轮廓的特征能在全局层提取，即从整个签名提取；也可以在局部层提取，即从每个连通分支提取。

目前普遍应用于在线签名识别的函数特征包括位置、速率和加速度等。近年来，压强和力函数也被频繁应用，尤其是压强信息，由于与不同的速率范围相关，被广泛应用于签名识别，以便充分利用特征间相互的依赖性。此外，书写笔签字的方向和倾角也被考虑改进在线签名识别的表现。静态签名的特征提取可以使用书写笔的轨线函数，由函数特征提取的图形系列也被成功地用于静态签名识别。

（3）匹配分类。在分类阶段，通过匹配待测签名的特征和数据库里注册并存储的签名特征，判别被试的个体身份是否合法，整个验证过程包含从签名匹配技术到知识库拓展使用策略等方面。很多情况下签名分类采用混合解决方案。在使用模板匹配技术时，最普遍的方法是使用 DTW[96] 方法。在使用统计方法时，常常考虑使用距离分类器。最近，隐马尔可夫模型在在线和离线签名识别中都得到了普遍关注。混合方法通常与签名的结构表示相关，利用基本元素进行描述，也称为基元，然后利用图匹配技术进行对比。支持向量机也已经成功应用于离线以及在线签名识别。结构方法主要考虑线性、图形和树状结构匹配技术，同时融合其他方法。

最后，值得考虑的是关于签名的类型、复杂性和稳定性的研究，这些方面显示了签名过程中人类与机器在感知、处理和验证上有很大的差异。签名的复杂性利用模仿难易程度量化，这种难度用感知、准备和执行签名的每一笔的困难衡量。关于签名的稳定性，局部稳定性函数利用 DTW 匹配真实签名和其他样本获得。同时，局部稳定性分析可以用来度量短期的变化，这种变化依赖签名者的心理状态和书写条件，而长期的改变依赖签名者书写时身体的生理特征（手臂和手等），也依赖大脑运动程序的修改。

值得说明的是，不同国家的个体签名存在巨大的不同。例如，西方人的签名一般由符号组成，这种符号能够用笔画形成连接的文本；非西方人的签名注重结构，签名由独立符号组成。因此签名识别需要根据实际情况提供不同的解决方案。一般来说，随着跨文化应用的不断增加，评估签名者背景对签名的影响以及验证过程的准确性变得越来越重要。因此，元数据[13]（有时也称为“软生物特征”）被考虑，其涉及签名者的不同方面（如国籍、脚本语言、年龄、性别、偏手性等）。一些元数据能够使用统计方法分析人类手写体特征，因此使用元数据自适应签名验证算法来提高验证表现是可能的。

近年来，伴随着网络和电子社会发展对安全需求的逐渐增加，自动签名识别技术已成为一个热点研究领域，具有重要的科学意义和实用价值。2005年在标准数据库上进行的国际竞赛中获得的结果以及测试协议显示，自动签名识别系统能够获得与其他生物特征大致相同的结果[97]。不同于生理方面的生物特征，手写体签名是一种主动识别方法，是需要被试进行签名的行为。因此，自动签名识别在交易或者需要被试配合的场合非常有用。

随着越来越复杂和便捷的输入设备的发展，在线签名识别可能的应用范围在持续增加。例如，在线签名识别对于控制计算机网络、文档和数据库的安全访问有重要的贡献，也可以应用于护照和驾驶执照。此外，在线签名识别在网络银行、现金业务和POS上都有重要应用。在线签名识别支持纸质文件与数字文件的转换，能通过减少纸质文件的数量来增强保险公司的管理规程，得到更高的投资回报率。

尽管不断朝着非纸质文件努力，但当今社会快速准确的基于纸质文件识别的需求仍在不断增加。离线签名识别应用主要涉及银行支票、合同、身份证、行政报表、正式协议、确认回收函等，这类识别与纸质文件识别相关，因此离线签名识别系统比在线签名识别系统受到更多的使用限制。

在不久的将来，世界范围内的签名识别将会更加迅猛地增长。当然，签名识别在法律和管理方面的重要性应该被高度重视，关于隐私和个体数据的保护要与签名识别的研究同步发展。

1.4.6 虹膜识别

虹膜识别利用眼睛的虹膜高分辨率图像进行个体身份识别。虹膜是以人眼瞳孔和巩膜为边界的环形区域，虹膜的视觉纹理在胎儿发展过程中就已形成，并且在两岁以内稳定，复杂的虹膜纹理具有判别信息。目前虹膜识别系统在准确性和速度上非常具有优势，并且可以应用于大规模识别系统。每个人虹膜都是与众不同的，如同指纹一样，即使同卵双胞胎的虹膜也是不同的，而且使用外科手术改变虹膜的纹理信息也极其困难。此外，检测人造虹膜（如隐形眼镜）也非常容易，尽管早期虹膜识别系统需要用户积极配合，并且非常昂贵，但是新一代系统已经变得友好且便宜。

虹膜识别算法主要包括虹膜定位、虹膜编码、匹配决策等部分。为了保证识别的准确性，虹膜在识别以前必须准确定位虹膜的内外边界，检测并排除侵入的眼睑。典型的算法是利用虹膜内外边界近似环形的特性来搜索虹膜的内外边界。虹膜编码（模式表达）是特征提取环节，目前主要是在变换域对虹膜进行编码，最后将编码图像进行匹配决策。

Daugman[98]采用圆形检测算子对虹膜进行定位，利用二维Gabor子波将虹膜图像编写为256字节的“虹膜码”，然后利用汉明距离来表示虹膜码图像间的匹配度，其计算量较小，可用于大型数据库中的识别。Wildes等[99]采用Hough变换方法，根据多尺度图像的相关性，利用拉普拉斯-高斯滤波器来提取图像信息。通过计算两幅图像模式表达的相关性来进行匹配决策，算法较为复杂，通常用于验证。Boles[100]采用的虹膜变形模型克服了瞳孔缩放带来的影响，并采用小波变换过零检测进行编码，针对图像编码不等长问题提出基于有限变形相似度的算法。

El-Bakry[101]提出将模块化的神经网络应用于虹膜的自动识别，由于获取的虹膜图像还包含其他信息，所以虹膜需要在识别前进行模式匹配。虹膜定位是非常重要的，正确有效的虹膜定位可以解决利用大规模数据库检测获取图像虹膜位置的问题，神经网络的模块化方法也可以克服神经网络带来的过学习和欠学习的影响。Takano等[102]提出利用旋转传播神经网络进行虹膜识别，该方法能够在不考虑对象形状的情况下识别出方向，或者在不考虑对象方向的情况下识别出形状，因此这种极坐标转换方法适合识别同轴圆形模式的形状和方向。

1.4.7 掌纹识别

掌纹识别执行过程与指纹识别有很多相似之处，掌纹信息包含脊流、脊特征和脊结构[2]。利用这些获得的数据信息与库中的信息进行比对，可以识别个体身份。

人类掌纹的区域比指纹的区域大，因此掌纹被期望比指纹更具判别性。由于掌纹扫描仪需要捕获更大的区域，体积更加庞大，因此比指纹扫描仪也更加昂贵。掌纹包含很多判别特征（如主线和皱纹线），并且能够使用低分辨率扫描仪获取，这样可以使成本更加低廉。当使用高分辨率掌纹扫描仪时，可以融合更多的掌纹特征（如手掌几何信息、估计特征（小花纹或三角奇异点）、主线以及皱纹线等），构建一个更加准确的生物特征识别系统。

掌纹是一种适合中度安全级别的身份验证特征，主要包含以下优势：成本适中；计算复杂度低；模板尺寸小；容易使用，一般不会遭到拒绝；不需要像警察、司法部门一样进行犯罪记录等。Sanchez-Reillo 等[103]提出一种从用户手掌的彩色照片中抽取掌纹特征的识别方法，识别率可以高达 97%。Cheng 等[104]提出使用扫描仪获取掌纹特征，进而判别个体身份，该方法使用 Sobel 算子以及其他形态学算子用于特征提取，然后使用反向传播神经网络度量参考样本和测试样本的相似性。

近年来，3D 掌纹识别方法得到进一步发展，可以用来提高掌纹识别系统的可靠性。Li 等[105]提出一种简单有效的 3D 识别方法，在计算和增强 3D 掌纹平均曲率后抽取直线和方向特征，并在决策层或特征层有效融合，最终用于 3D 掌纹的识别和分类，实验结果表明了该方法的有效性。

1.4.8 击键动力学分析

击键动力学分析是一种特别有前景的非主流生物特征识别技术，源于每个人敲击键盘时的独特方式（如击键时的压力、持续时间、敲击不同键的间隔时间、出错的频率等）。这种行为生物特征提供了充分的判别信息，可以用于身份识别。

目前，击键动力学分析识别系统越来越得到社会的普遍关注，其优势如下：不需要特殊的硬件设备，成本低；操作过程不需要用户特殊的关注（例如，视网膜扫描需要用户将头部放置在视网膜扫描仪上）；同其他生物特征相比，开发更容易；键盘设备普通，数据收集过程成本低廉方便等。鉴于上述优势，击键动力学分析具有很大的潜在市场。

与此同时，击键动力学分析也有一些不利的方面。击键生物特征同虹膜、指纹等生物特征一样，存在不可靠因素。例如，个别个体每次敲击模式会有很大的差异；击键行为特征会由于疲劳等原因发生改变，也会受到用户自身身体和心理状态的影响；击键过程作为识别特征至关重要，但是会随着键盘种类的不同而有所不同；击键过程特征依赖不同的姿势，如站姿或坐姿等；使用系统观测击键方式不易监控等。

击键动力学分析识别技术涉及工程动力学方面的知识。相关系统一般包括数据库、事件记录模块、特征提取模块和分类器，广泛使用的分类器有决策树、人工神经网络和支持向量机等。为了增加击键动力学分析方法的可靠性，这种识别技术也经常与其他方法相结合。Schclar 等[6]提出一种利用密码输入的击键动力学分析方法。在系统中，每个用户使用生物特征曲线作为特征。用户需要提供键入密码的次数，每次密码输入的击键动力学分析特征被抽取。所有特征矢量被用来绘制生物特征曲线，这些曲线被储存在曲线库中，被试的击键动力学分析曲线和库中的曲线进行对比，利用分类器进行分类识别。这种结合普通密码和行为生物特征的识别系统要比单纯依靠密码的系统更加安全可靠。

1.4.9　步态识别

步态是人行走时的一种特殊模式，是一种复杂的空时生物特征，它从相同的行走行为中寻找和提取个体之间的变化特征，以实现个体的身份识别。它是融合计算机视觉、模式识别与视频图像序列处理的一门新兴技术。步态可以在不被观察者觉察的情况下，从任意角度进行非接触式的感知和度量，因此步态识别是一种非常友好的识别技术，可以被广大民众所接受。从视觉监控的观点来看，步态是远距离情况下最具潜力的生物特征。

步态在安全应用等级较低的场合是一种非常具有判别能力的生物特征，属于行为特征的一种，但是由于身体的重量、关节或者脑部的重大伤病或者酗酒等原因，在长时间间隔后，不能保持不变性。因为基于步态的识别系统应用行走人的视频序列来度量每个关节的不同动作，所以输入非常耗时。

目前有很多比较有代表性的方法。Murase 等[106]采用时空相关匹配的方法区别不同个体的步态。之后，Huang 等[107]利用正则分析对其进行了改进和完善。Shutler 等[108]提出了基于时间矩的统计步态识别算法。王亮等[101]提出了基于统计主成分分析的步态识别算法。

1.4.10　视网膜识别

视网膜的脉管系统具有非常丰富的结构信息，它是人眼的独特特征，因为很不容易被改变和复制，所以被称为是最具安全性的生物特征。法庭医学将眼底视网膜血管图视为个体识别的优选方法之一[9]。图像获取需要用户聚焦可见光区域的特殊点，以便对视网膜脉管系统成像。成像过程需要被试配合，同时需要接触目镜和被试有意识的努力，并且眼睛必须处于静止状态，因此视网膜识别的可接受性较差。此外，视网膜扫描可能会损坏使用者的健康，并且很难降低成本，同时视网膜脉管系统能够显示出被试某种病症情况（如高血压等），所有这些不利的因素都限制了视网膜生物特征识别的广泛应用。

1.4.11　DNA 识别

脱氧核糖核酸（deoxyribonucleic acid，DNA）具有唯一的一维编码。除了同卵双胞胎具有相同的 DNA 模式，每个人都具有不同的 DNA，这种方法具有绝对的权威性和准确性[9]。然而，有三个原因限制了这种生物特征的使用。

（1）难以接受的问题。DNA 识别会让人联想到污蔑性，因此极其敏感。DNA 很容易从合法身份用户盗取，然后使用该用户的身份进一步进行相关不合法的操作。

（2）自动实时识别的难题。目前 DNA 匹配技术仍旧是比较烦琐的化学方法，需要专业技术，同时实时性差、耗时长，无法用于在线式的非侵入识别。

（3）隐私问题。由于特定疾病的信息可以从 DNA 模式中获知，因此无意的信息滥用可能导致待遇上的歧视，如招聘或者参保。

鉴于上述原因，目前只有在法庭取证应用中才会使用 DNA 识别技术。

1.4.12　其他生物特征识别技术

（1）手型识别[9]。其基于手掌的度量进行个体身份的识别，包括形状、尺寸、手指的宽度和长度等。商用手型验证系统已经在世界范围内有所应用，图像采集容易，技术简单，相对实用方便，并且价格低廉，天气干燥或者由于个体皮肤干燥等环境因素不会对基于手掌几何形状的系统造成不利影响。但是手掌形状并不被认为是非常具有判别力的特征，识别系统也不适合应用于大型数据库。此外，手掌几何信息也不具有不变性，尤其在儿童成长过程中，手掌的变化巨大。同时，由于戒指等珠宝饰物或者关节炎等疾病的限制，导致准确提取手掌几何信息更具有挑战性。这种系统的几何尺寸较大，不易嵌入笔记本电脑等特定设备中。目前，出现了只度量几根手指的验证系统，典型的包括食指和中指，而非全部的手掌，这种设备相对于手掌获取设备要小得多，但仍比指纹、人脸或者语音等生物特征获取设备大。目前手型验证主要有两种方法：基于特征矢量的方法[110]和基于点匹配的方法[111]。

（2）体味。众所周知，每个人都会散发一种独特的体味，其化学成分是不同的，这种特征可以用来区分不同的个体身份[9]。空气中的体味可以使用一组化学传感器测量，但是并不清楚是否身体散发的体味具有不变性。如果使用除臭剂、香水或者改变周围环境的化学成分，也许会对体味造成严重的影响，因此体味生物特征还是一个有待研究的新课题。

1.5　本章小结

本章介绍了生物特征识别技术的概念、优势、评价指标和方法，以及存在的社会可接受性和隐私等问题，分析了生物特征识别技术的发展动态，并逐一介绍了当前流行的典型生物特征识别技术，包括人脸、人耳、指纹、语音、签名、虹膜、掌纹、击键动力学分析、视网膜、DNA、手型和体味等。由于本书后续章节主要是探讨人脸人耳多模态生物特征识别技术的可行性和有效性，因此重点介绍了人脸和人耳生物特征识别技术。

每一种生物特征识别技术都具有各自的优势和劣势，同时生物特征识别技术的应用很大程度上依赖应用的领域，没有哪个单生物特征能够在所有环境中均比其他生物特征优越。在这种意义上，每一种技术都是允许的。例如，一般认为虹膜和指纹识别技术的准确率要高于语音识别技术，然而在电信银行应用领域，由于语音识别技术能够更加容易地嵌入现存的电话系统里，所以更受青睐。随着科技的不断发展和需求的不断增加，基于生物特征的身份验证与识别将在人们的生产生活领域起到越来越重要的作用。

参考文献

[1] Veeramachaneni K, Osadciw L A, Varshney P K. An adaptive multimodal biometric management algorithm. IEEE Transactions on Systems, Man, and Cybernetics, Part C: Applications and Reviews, 2005, 35 (3): 344-346.

[2] Raghudeep K, Bourbakis N. A comparative survey on biometric identity authentication techniques based on neural networks. Biometrics: Theory, Methods, and Applications, 2009: 47-79.

[3] Arun R, Anil J. Information fusion in biometrics. Pattern Recognition Letters, 2003, 24 (13): 2115-2125.

[4] Forrester Research. 2001. http://www. forrester. com.

[5] Gartner Group. 2001. http://www. gartner. com.

[6] Schclar A, Rokach L, Abramson A, et al. User authentication based on representative users. IEEE Transactions on Systems, Man, and Cybernetics, Part C: Applications and Reviews, 2012, 42 (6): 1669-1678.

[7] Peacock A, Ke X, Wilkerson M. Typing patterns: A key to user identification. IEEE Security Privacy, 2004, 2 (5): 40-47.

[8] Phillips P J, Grother P, Micheals R, et al. Face recognition vendor test 2002. IEEE International Workshop on Analysis and Modeling of Faces and Gestures (AMFG), Arlington, 2003: 44.

[9] Anil J K, Arun R, Prabhakar S. An introduction to biometric recognition. IEEE Transactions on Circuits and Systems for Video Technology, Special Issue on Image- and Video-Based Biometrics, 2004, 14 (1): 4-20.

[10] Marsico M D, Nappi M, Tortora G. NABS: Novel approaches for biometric systems. IEEE Transactions on Systems, Man, and Cybernetics, Part C: Applications and Reviews, 2011, 41 (4): 481-493.

[11] Tico M, Kuosmanen P, Saarinen J. Wavelet domain features for fingerprint recognition. Electron Lett, 2001, 37 (1): 21-22.

[12] Yang J C, Park D S, Hitchcock R. Effective enhancement of low-quality fingerprints with local ridge compensation. IEICE Electron Exp, 2008, 5 (23): 1002-1009.

[13] Impedovo D, Pirlo G. Automatic signature verification: the state of the art. IEEE Transac-

tions on Systems, Man, and Cybernetics, Part C: Applications and Reviews, 2008, 38 (5): 609-635.

[14] Shutler J, Nixon M, Harris C. Statistical gait recognition via temporal moments. IEEE South West Symposium on Image Analysis and Interpretation, Austin, 2000: 291-295.

[15] Tolba A S, El-Baz A H, El-Harby A A. Face recognition: A literature review. International Journal of Signal Processing, 2006, 2 (2): 88-103.

[16] Riklin-Raviv T, Shashua A. The quotient image: Class based recognition and synthesis under varying illumination conditions. CVPR, Ft Collins, 1999: 566-571.

[17] Edwards G J, Cootes T F, Taylor C J. Face recognition using active appearance models. ECCV, Freiburg, 1998: 581-595.

[18] Jose J P, Poornima P, Kumar K M. A novel method for color face recognition using KNN classifier. International Conference on Computing, Communication and Applications (ICCCA), Dindigul, 2012: 1-3.

[19] Liu C J, Wechsler H. Gabor feature based classification using the enhanced fisher linear discriminant model for face recognition. IEEE Transactions on Image Processing, 2002, 11 (4): 467-476.

[20] Sudha N, Mohan A R, Meher P K. A self-configurable systolic architecture for face recognition system based on principal component neural network. IEEE Transactions on Circuits and Systems for Video Technology, 2011, 21 (8): 1071-1084.

[21] Brunelli R, Poggio T. Face recognition: Features versus templates. IEEE Transactions on Pattern Analysis and Machine Intelligence, 1993, 15 (10): 1042-1052.

[22] Wiskott L, Fellous J M, Kruger N, et al. Face recognition by elastic bunch graph matching. IEEE Transactions on Pattern Analysis and Machine Intelligence, 1997, 19 (7): 775-779.

[23] Nefian A V, Hayes M H. An embedded HMM-based approach for face detection and recognition. IEEE International Conference on Acoustics, Speech, and Signal Processing, 1999, 6: 3553-3556.

[24] Zhao W, Chellappa R. Robust face recognition using symmetric shape-from-shading. Technical Report CARTR -919, University of Maryland, MD, 1999.

[25] Kirby M, Sirovich L. Application of the Karhunen-Loève procedure for the characterisation of human faces. IEEE Transactions on Pattern Analysis and Machine Intelligence, 1990,

12: 831-835.

[26] Bartlett M, Movellan J, Sejnowski T. Face recognition by independent component analysis. IEEE Transactions on Neural Network, 2002, 13 (6): 1450-1464.

[27] Penev P S, Atick J J. Local feature analysis: A general statistical theory for object representation. Network of Computation in Neural Systems, 1996, 7 (3): 477-500.

[28] Stonham T J. Practical face recognition and verification with WISARD. Aspects of Face Processing, Netherlands, 1986: 426-441.

[29] Lawrence S, Giles C L, Tsoi A C, et al. Face recognition: A convolutional neural-network approach. IEEE Transactions on Neural Networks, 1997, 8: 98-113.

[30] Lin S H, Kung S Y, Lin L J. Face recognition/detection by probabilistic decision-based neural network. IEEE Transactions on Neural Networks, 1997, 8: 114-132.

[31] Lades M, Vorbruggen J C, Buhmann J, et al. Distortion invariant object recognition in the dynamic link architecture. IEEE Transactions on Computers, 1993, 42: 300-311.

[32] Tefas A, Kotropoulos C, Pitas I. Using support vector machines to enhance the performance of elastic graph matching for frontal face authentication. IEEE Transactions on Pattern Analysis and Machine Intelligence, 2001, 23 (7): 735-746.

[33] Kotropoulos C, Tefas A, Pitas I. Frontal face authentication using morphological elastic graph matching. IEEE Transactions on Image Process, 2000, 9 (4): 555-560.

[34] Kanade T. Picture processing by computer complex and recognition of human faces. Technical report, Kyoto University, 1973.

[35] Samaria F, Fallside F. Face identification and feature extraction using hidden markov models. Vernazza G. Image Processing: Theory and Application. Amsterdam: Elsevier, 1993.

[36] Blanz V, Vetter T. Face recognition based on fitting a 3D morphable model. IEEE Transactions on Pattern Analysis and Machine Intelligence, 2003, 25 (9): 1063-1074.

[37] Gao Y, Leung K H. Face recognition using line edge map. IEEE Transactions on Pattern Analysis and Machine Intelligence, 2002, 24 (6): 764-779.

[38] Vapnik V N. The Nature of Statistical Learning Theory. Berlin: Springer, 1999.

[39] Lee M W, Ranganath S. Pose-invariant face recognition using a 3D deformable model. Patternon Recognition, 2003, 36 (8): 1835-1846.

[40] Dowdall J, Pavlidis I, Bebis G. Face detection in the near-IR spectrum. Image, 2003, 21 (7): 565-578.

[41] Kong S G, Heo J G, Abidi B R, et al. Recent advances in visual and infrared face recognition-a review. Computer Vision and Image Understanding, 2005, 97: 103-135.

[42] Bertillon A. La Photographie Judiciaire: Avec Un Pppendice Sur La Classification Et L'Identification Anthropomeétriques. Paris: Gauthier-Villars, 1890.

[43] Imhofer R. Die Bedeutung der Ohrmuschel für die Feststellung der Identität. Archiv für die Kriminologie, 1906, 26: 150-163.

[44] Iannarelli A V. Ear identification. California: Paramont Publishing Company, 1989.

[45] Abaza A, Ross A. Towards understanding the symmetry of human ears: A biometric perspective. IEEE Fourth International Conference on Biometrics: Theory, Applications and Systems (BTAS 10), Washington, 2010: 1-7.

[46] Alberink I, Ruifrok A. Performance of the fear ID earprint identification system. Forensic Sci Int, 2007, 166, (2-3): 145-154.

[47] Hoogstrate A J, van den Heuvel H, Huyben E. Ear identification based on surveillance camera's images. http://www. forensic-evidence. com/Forensic-Evidence Identification Evidence - Ear Identification Based On Surveillance Camera's Images. htm.

[48] Hurley D J, Nixon M S, Carter J N. Force field energy functionals for image feature extraction. Image and Vision Computing, 2002, 20: 311-317.

[49] Hurley D J, Nixon M S, Carter J N. Force field feature extraction for ear biometrics. Computer Vision and Image Understanding, 2005, 98: 491-512.

[50] Kumar A, Wu C. Automated human identification using ear imaging. Pattern Recognition, 2012, 45 (3): 956-968.

[51] Abate A F, Nappi M, Riccio D, et al. Ear recognition by means of a rotation invariant descriptor. The 18th International Conference on Pattern Recognition (ICPR), 2006, 4: 437-440.

[52] Fooprateepsiri R, Kurutach W. Ear based personal identification approach forensic science tasks. Chiang Mai Journal of Science, 2011, 38 (2): 166-175.

[53] Sanaa A, Guptaa P, Purkaitb R. Ear biometrics: A new approach. Biometrics, 2007, 1: Introduction.

[54] de Marsico M, Michele N, Riccio D. HERO: Human ear recognition against occlusions. 2010 IEEE Computer Society Conference on Computer Vision and Pattern Recognition Workshops (CVPRW), San Francisco, 2010: 178-183.

[55] Wang X Q, Xia H V, Wang Z L. The research of ear identification based on improved algorithm of moment invariants. Third International Conference on Information and Computing (ICIC), Changsha, 2010: 58-60.

[56] Bustard J D, Nixon M S. Toward unconstrained ear recognition from two-dimensional images. IEEE Transactions on Systems, Man and Cybernetics, Part A: Systems and Humans, 2010, 40 (3): 486-494.

[57] Burger W, Burge M, Mayr W. Learning to recognize generic visual categories using a hybrid structural approach. IEEE International Conference on Image Processing, Lausanne, 1996: 321-324.

[58] Kisku D R, Mehrotra H, Gupta P, et al. SIFT-based ear recognition by fusion of detected keypoints from color similarity slice regions. International Conference on Advances in Computational Tools for Engineering Applications (ACTEA), Zouk Mosbeh, 2009.

[59] Prakash S, Gupta P. An efficient ear recognition technique invariant to illumination and pose. Telecommun Syst J, Special Issue on Signal Processing Applications in Human Computer Interaction, 2011, 30: 38-50.

[60] Choras M. Perspective methods of human identification: ear biometrics. Opto-Electron. Rev, 2008, 16: 85-96.

[61] Wang Y, He D J, Yu C C, et al. Multimodal biometrics approach using face and ear recognition to overcome adverse effects of pose changes. Journal of Electronic Imaging, 2012, 21 (4), DOI: 10. 1117/1. JEI. 21. 4. 043026.

[62] Jeges E, Mate L. Model-based human ear localization and feature extraction. IC-MED, 2007, 1 (2): 101-112.

[63] Liu H, Yan J. Multi-view ear shape feature extraction and reconstruction. Third International IEEE Conference on Signal-Image Technologies and Internet-Based System (SITIS), Shanghai, 2007: 652-658.

[64] Lu L, Zhang X X, Zhao Y D, et al. Ear recognition based on statistical shape model. First International Conference on Innovative Computing, Information and Control (ICICIC), Beijing, China, 2006: 353-356.

[65] Victor B, Bowyer K, Sarkar S. An evaluation of face and ear biometrics. Sixteenth International Conference on Pattern Recognition (ICPR), Quebec, 2002: 429-432.

[66] Alaraj M, Hou J, Fukami T. A neural network based human identification framework

using ear images. TENCON 2010-2010 IEEE Region 10 Conference, Fukuoka, 2010: 1595-1600.

[67] Zhang H J, Mu Z C. Compound structure classifier system for ear recognition. IEEE International Conference on Automation and Logistics (ICAL), Qingdao, 2008: 2306-2309.

[68] Xie Z X, Mu Z C. Ear recognition using LLE and IDLLE algorithm. 19th International Conference on Pattern Recognition (ICPR), Florida, 2008: 1-4.

[69] Nanni L, Lumini A. A multi-matcher for ear authentication. Pattern Recognition on Letters, 2007, 28: 2219-2226.

[70] Yuizono T, Wang Y, Satoh K, et al. Study on individual recognition for ear images by using genetic local search. Proceedings of IEEE Congress on Evolutionary Computation, Hawaii, 2002: 237-242.

[71] Yaqubi M, Faez K, Motamed S. Ear recognition using features inspired by visual cortex and support vector machine technique. IEEE International Conference on Computer and Communication Engineering (ICCCE), Kuala Lumpur, 2008: 533-537.

[72] Moreno B, Aánchez Á, Vélez J F. On the use of outer ear images for personal identification in security applications. The 33th Annual International Carnahan Conference (ICC). Madrid, 1999: 469-476.

[73] Gutierrez L, Melin P, Lopez M. Modular neural network integrator for human recognition from ear images. 2010 International. Joint Conference on Neural Networks (IJCNN), Barcelona, 2010: 1-5.

[74] Naseem I, Togneri R, Bennamoun M. Sparse representation for ear biometrics//Bebis G, Boyle R, Parvin B, et al. Advances in Visual Computing. Heidelberg: Springer, 2008: 336-345.

[75] Yan P, Bowyer K W. Ear biometrics using 2D and 3D images. IEEE Computer Society Conference on Computer Vision and Pattern Recognition, San Diego, 2005: 121-121.

[76] Yan P, Bowyer K W. Biometric recognition using 3D ear shape. IEEE Transactions on Pattern Analysis And Machine Intelligence, 2007, 29 (8): 1297-1308.

[77] Bhanu B, Chen H. Human ear recognition in 3D. Proceedings of Workshop Multimodal User Authentication, Santa Barbara, 2003: 718-737.

[78] Cadavid S, Mahoor M H, Abdel-Mottaleb M. Multi-modal biometric modeling and recognition of the human face and ear. IEEE International Workshop on Safety, Security Rescue

Robotics (SSRR), Denver, 2009: 1-6.

[79] Zhou J, Cadavid S, Abdel-Mottaleb M. A computationally efficient approach to 3D ear recognition employing local and holistic features. IEEE Computer Society Conference on Computer Vision and Pattern Recognition Workshops (CVPRW), Colorado Springs, 2011: 98-105.

[80] Passalis G, Kakadiaris I A, Theoharis T, et al. Towards fast 3D ear recognition for real-life biometric applications. IEEE Conference on Advanced Video and Signal Based Surveillance (AVSS), London, 2007: 39-44.

[81] Liu H, Zhang D. Fast 3D point cloud ear identification by slice curve matching. Third International Conference on Computer Research and Development (ICCRD), Shanghai, 2011: 224-228.

[82] Islam S M S, Bennamoun M, Mian A S, et al. A fully automatic approach for human recognition from profile images using 2D and 3D ear data. The Fourth Int Symp on 3D Data Processing, Visualization and Transmission, Paris, 2008: 131-141.

[83] Zeng H, Dong J Y, Mu Z C, et al. Ear recognition based on 3D keypoint matching. IEEE Tenth International Conference on Signal Processing (ICSP), Beijing, 2010: 1694-1697.

[84] Nagaty K A. Fingerprints classification using artificial neural networks: a combined structural and statistical approach. Neural Networks, 2001, 14: 1293-1305.

[85] Yang J C, Xiong N X, Vasilakos A V. Two-stage enhancement scheme for low-quality fingerprint images by learning from the images . IEEE Transactions on Human-Machine Systems, 2013, 43 (2): 235-248.

[86] Bains S. You need hands. Biometrics, 2005: 30-33.

[87] Niesen U, Pfister B. Speaker verification by Means of ANNs. ESANN, Brugges, 2004: 145-150.

[88] Misra H, Yegnanarayana B, Ikbal S. Speaker specific mapping for text independent speaker recognition. Speech Communication, 2003, 39: 301-310.

[89] Phan F, Micheli-Tzanakou E, Sideman S. Speaker identification using neural networks and wavelets. IEEE Engineering in Medicine and Biology Magazine, 2000, 19 (1): 92-101.

[90] Trentin E, Gori M. Robust combination of neural networks and hidden Markov models for speech recognition. IEEE Transactions on Neural Networks, 2003, 14 (6): 1519- 1531.

[91] Lei H, Palla S, Govindaraju V. Mouse based signature verification for internet based

transactions. SPIE Symp Electron Imag Sci Technol Electron Imag Vis, SPIE Proc Series, San Jose, 2005: 153-160.

[92] Information Technology-Biometric Data Interchange Formats, Part 11: Signature/Sign Processed Dynamic Data, ISO Standard ISO/IEC WD 19794-11, 2007.

[93] Dimauro G, Impedovo S, Pirlo G, et al. A multi-expert signature verification system for bankcheck processing. International Journal of Pattern Recognition and Artificial Intelligence (IJPRAI), 1997, 11 (5): 827-844.

[94] Sabourin R, Plamondon R. Segmentation of handwritten signature images using the statistics of directional data. The 9th ICPR, Rome, 1988: 282-285.

[95] Plamondon R. The design of an on-line signature verification system: From theory to practice. IJPRAI, 1994, 8 (3): 795-811.

[96] Lee J, Yoon H S, Soh J, et al. Using geometric extrema for segment-to-segment characteristics comparison in online signature verification. Pattern Recognition, 2004, 37 (1): 93-103.

[97] Vielhauer C. A behavioural biometrics. Public Service Reviews: European Union, 2005, 20 (9): 113-115.

[98] Daugman J G. High confidence visual recognition of persons by a test of statistical independence. IEEE Transactions on PAMI, 1993, 15 (11): 1148-1161.

[99] Wildes R P, Asmuth J C, Green G L, et al. A system for automated iris recognition. The 2nd IEEE Workshop on Applications of Computer Vision, Sarasota, 1994: 121-128.

[100] Boles W W, Boashash B. A human identification techique using images of the iris and wavelet transform. IEEE Transactions on Signal Processing, 1998, 46 (4): 1185-1188.

[101] El-Bakry H. Fast iris detection for personal verification using modular neural nets. Computational Intelligence Theory and Applications. Heidelberg: Springer, 2001: 269-283.

[102] Takano H, Murakami M, Nakamura K. Iris recognition by a rotation spreading neural network. IEEE International Joint Conference on Neural Networks, Budapest, 2004: 2589-2594.

[103] Sanchez-Reillo R, Sanchez-Avila C, Gonzalez-Marcos A. Biometric identification through hand geometry measurements. IEEE Transactions Pattern Anal Mach Intell, 2000, 22 (10):1168-1171.

[104] Cheng H L, Fan K C, Han C C, et al. Personal authentication using palm-prints features.

Pattern Recognition，2003，36：371-381.

[105] Li W，Zhang D，Zhang L，et al. 3-D palmprint recognition with joint line and orientation features. IEEE Transactions on Systems，Man，and Cybernetics，Part C：Applications and Reviews，2011，41（2）：274-279.

[106] Murase H，Sakai R. Moving object recognition in eigenspace representation：Gait analysis and lip reading. Pattern Recognition Letters，1996，17（2）：155-162.

[107] Huang P，Harris C，Nixon M. Human gait recognition in canonical space using temporal templates. Vision Image and Signal Processing，1999，146（2）：93-100.

[108] Shutler J，Nixon M，Harris C. Statistical gait recognition via temporal moments. IEEE Southwest Symposium on Image Analysis and Interpretation，Austin，2000：291-295.

[109] 王亮，胡卫明，谭铁牛. 基于步态的身份识别. 计算机学报，2003，26（3）：353-360.

[110] Sanchez-Reillo R，Sanchez-Avila C，Gonzalez-Marcos A. Biometric identification through hand geometry measurements. IEEE Transactions on PAMI，2000，22（10）：1168-1171.

[111] Anil J K，Duta N. Deformable matching of hand shapes for verification. International Conference on Image Processing，Kobe，1999：857-861.

第 2 章　多模态生物特征识别

随着网络时代的到来，人们面对面接触的机会越来越少，身份窃取事件也因此时有发生，并已成为当今社会普遍关注的问题之一。仅在美国，2003 年就有将近一千万人的身份信息被盗用，大概占美国 18 岁以上人口的 5%，产生的损失超过了 500 亿美元[1]。可见，身份认证技术在现实生活中意义重大。然而，在实际应用中，由于客观条件变化的不可预测性，单生物特征识别技术往往会遇到难以克服的困难。例如：在使用指纹认证时，相当一部分人由于长期从事的职业或者偶然发生的意外导致手指留下伤痕或硬茧，或者由于紧张等心理因素导致手指有汗液、油渍，而不能被采集到清晰的指纹；随着时间的流逝或者光照变化，人脸表面会发生变化；虹膜、DNA 和指纹等识别方式会使人不舒服，甚至产生受侮辱的感觉等。而多模态生物特征识别技术同时利用了多种生物特征，并结合数据融合技术，不仅可以提高识别的准确性，而且可以扩大系统的普适性范围，提高系统的安全级别，使之更实用。因此，多模态生物特征融合识别技术近年来已成为生物特征识别技术研究领域的一个热点，也是未来生物特征应用领域的必然趋势。

2.1　多模态生物特征识别的概念

没有一种单生物特征识别系统能够完美地完成识别或验证工作。不同调查显示对于第 1 章所述的典型生物特征，每一种都有一小部分的人不具备采集条件。在这种情况下，多模态生物特征识别系统就可以显示出绝对的优势，同时也可以应用在任何一种生理特征或行为特征不能使用或不准确的情况中。

多模态生物特征识别是指同时利用多种生物特征或者相同生物特征的多种采集、多种表达、多种匹配等方式以及恰当的融合技术进行个体身份的识别或验证。

一般情况下，生物特征识别系统主要由传感器、特征提取、匹配和决策四个模块组成。单模态生物特征的组合和多模态生物特征的融合可以发生在其中任何一个阶段，因此多模态生物特征识别系统可以通过五种方式进行设计[2,3]，如图 2.1 所示。

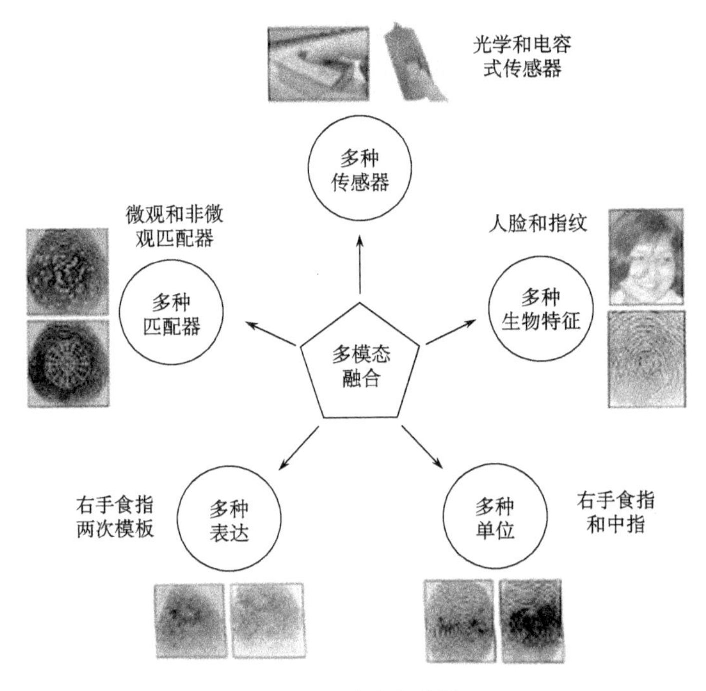

图 2.1　融合方式[2]

(1) 多种传感器：相同生物特征从不同传感器获得信息，然后进行融合。例如，光学、固态以及超声波传感器均可以用来提取指纹信息。

(2) 多种生物特征：获取同一人的多种生物特征，然后融合在一起。这种系统必然包含多个传感器，每个传感器捕获不同的生物特征。在验证模式下，多种生物特征被用来提高系统的准确性。在识别模式下，使用恰当的融合方案也可以提高匹配速度（如人脸匹配速度快），但并不十分准确。可以用来检索出最有可能的 M 种匹配，然后仅针对这 M 种匹配的身份，再使用指纹匹配。虽然速度慢，但是准确率很高，可以用于最后的决策。这种方式可以避免所有身份都使用速度慢的特征进行计算，减少时间的耗费。多种生物特征融合方法是真正意义上的多模态生物特征融合技术。

（3）多种单位（unit）：相同的生物特征使用不同的单位。如提取同一被试的不同手指的指纹后，通过融合提高识别率；或者同一被试不同眼睛的虹膜被有效融合。

（4）多种表达：涉及使用不同的方法提取特征，并且匹配生物特征。其能够在两种场合使用：第一，在验证或者识别系统中使用这种融合方式进行身份确认；第二，在识别系统中可以把这种融合方式用于索引。

（5）多种匹配器：相同的生物特征通过不同的传感器获得。提取特征后，使用不同的匹配方法获得匹配值，然后进行有效融合，提高识别率。

除了上述五种方式以外，单生物特征拍摄的多幅图像也可以认为是多模态生物特征融合技术的一种。一种情况是，注册或者识别时使用同一生物特征多次采集图像，如相同手指注册时多次提取指纹、声音的多次采样、人脸图像的多次捕获等，然后进行融合。另一种情况是，同时采集同一生物特征不同视角的多幅图像，然后进行有效融合。

当多种传感器用于不同种类的生物特征时，在第一种方式下，可以使用可见光照相机和红外照相机分别捕获人脸图像，而在第二种方式下，可以使用照相机捕获人脸，使用光学传感器捕获指纹。方式一融合中度独立信息，方式二和方式三融合独立或者弱相关信息，以期望获得识别率更大的提高。然而，这种识别率的提高是以用户的不便性以及更长的获取时间为代价的。方式四和方式五融合不同的表示和匹配算法用以提高识别率。此外，也可以将这五种不同的方式进行融合使用。对于单生物特征多幅图像的方式，验证时只需要一次输入，然后与注册过程获取的不同模板进行匹配，或者一次获得多个数据，如多台照相机捕获不同视角的人脸图像，然后融合，与一个或多个模板进行匹配。

2.2　多模态生物特征识别的优势

多模态生物特征识别的诞生，源于单模态生物特征识别系统自身的局限性。生物特征识别系统在不同的生产生活中的成功应用，并不意味着生物特征就可以完全解决问题，对于单生物特征识别系统更是如此。因为不管哪种生物特征，总是存在着个别不适合识别个体的身份的案例，如带有伤痕的手指无法提取正确的指纹图像，戴墨镜的人无法采集完整的人脸图像，人体免疫力低下等会影响虹膜的正常识别等。单生物特征识别系统的局限性主要有以下几个方面[2]。

（1）数据中噪声的存在：数据采集过程中可能会被噪声污染，带有伤痕的指纹（如图 2.2 所示，疤痕和刀伤的愈合会导致错误的指纹匹配结果），或者寒冷条件下声音的改变都是噪声影响数据的实例。除了被试自身身体或者心理的变化会影响数据，带有缺陷的传感器或传感器使用及维护不当，也会产生噪声，从而影响数据的质量。如指纹传感器灰尘的积累或者不利的测试环境，人脸识别系统中强烈的日光照射等。被噪声污染的数据由于信息的缺失或者错误也许会影响匹配的结果，最终导致错误的识别。

(a) 注册时捕获的指纹

(b) 相同用户三个月后验证时捕获的指纹

图 2.2　噪声对于生物特征识别系统的影响[2]

（2）类内的差异性：识别过程中，需要重新捕获被试的生物特征数据，但是由于被试自身、传感器的操作以及外界环境的轻微变化，也许会导致获取的数据与被试注册时生成的模板数据不尽相同，从而影响匹配过程。这种变化主要是由用户在验证阶段不正确地使用传感器或者修改了传感器的参数所致。此外，心理的变化也会导致不同时间行为特征的巨大差异。

（3）类间的相似性：尽管生物特征被期望具有很大的类间差异，然而在表示这些特征的特征集中也存在很大的类间相似性，这种局限性限制了该种生物特征所提供的判别信息。Golfarelli 等[4]已经证明，在手型信息和人脸信息两种普遍使用的特征表示中，信息量（可判别模式的数目）的数量级分别为10^5和10^3。因此，根据这种判别能力的测试结论，每种生物特征都具有相似性的理论上界。

（4）非普遍性：尽管生物特征识别技术期望能够捕获每个用户的特征信息，但总是存在个别用户不具有特定生物特征的可能性，如图 2.3 所示。由于用户手指非常干燥导致指纹呈现低质量的脊线，一个给定的指纹识别系统也许无法注册这样的指纹。所以，使用单一的生物特征会出现注册失败率（failure to enroll, FTE）。根据经验，大约有 4%的人具有低质量的指纹，目前的指纹传感器很难获取相应的图像。den Os 等[5]在语音识别系统中也报告了 FTE 问题。

（5）伪造攻击：假冒者企图伪造合法用户的特征以便欺骗系统，达到非法目的。这种攻击大多发生在用行为特征进行身份识别时，如签名和语音。然而，用生理特征进行身份识别时也易遭到伪造攻击。例如，尽管需要合法用户的帮助，操作困难且烦琐，但是使用伪造指纹或者伪造手指登录指纹验证系统也是可能的[6]。

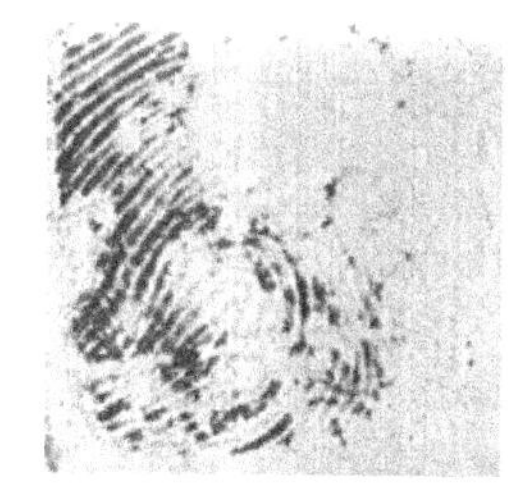
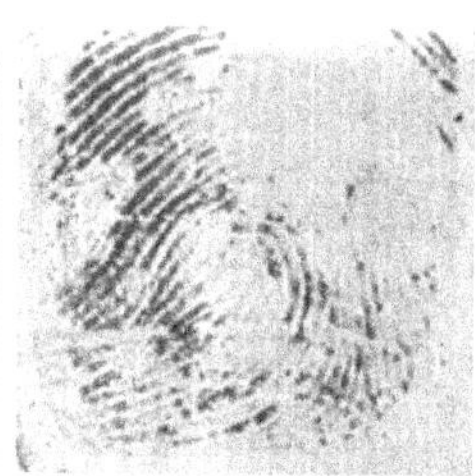

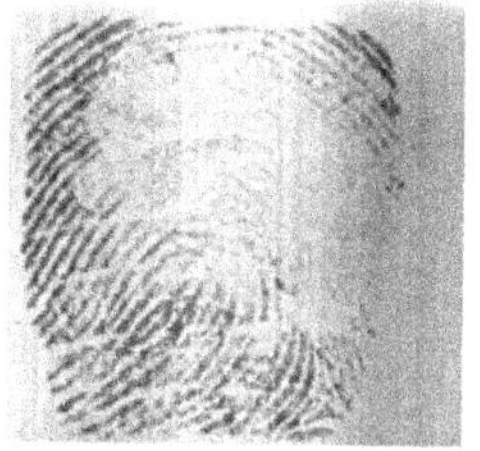

图 2.3　注册失败的指纹实例（与给定的指纹识别系统相关）[2]

单生物特征识别系统的局限性能够使用多模态生物特征识别系统进行克服，例如，可以使用同一人的人脸和指纹或者同一人的多个手指进行身份识别或验证，这种多模态生物特征识别系统由于多种独立信息的应用导致其性能更加可靠。多模态生物特征识别系统能够满足不同应用中更加严格的需求，通过使用多种生物特征确保覆盖更加普遍的个体，试图解决单生物特征的非普遍性问题。此外，多模态生物特征识别系统提供了反欺诈的性能。对于入侵者来说，同时模拟合法用户的多种生物特征是非常困难的。此外，多模态生物特征识别系统还可以要求用户随机提供某种生物特征（如右手的食指和左手的中指等），确保系统只有在用户亲自到场的情况下才能进行数据的获取和身份的验证或识别，进一步保证了系统的可靠性，同时促进了系统和用户的交互性。

2.3 多模态生物特征识别技术简介

多模态生物特征识别是生物特征识别技术未来发展的方向。本节对目前多模态生物特征识别技术的发展与现状进行了详细的介绍和总结，按照融合方式归纳了近 20 种多模态生物特征识别系统，并从数据库、生物特征种类、融合层次、融合方法、识别方法、识别结果等方面进行对比和总结。

2.3.1 多模态生物特征的信息融合

1）融合层次

多模态生物特征识别系统同时使用多种生物特征，信息能够在数据层、特征提取层、匹配层和决策层等不同的层次上进行融合。下面以人脸和指纹为例进行说明，如图 2.4 所示。

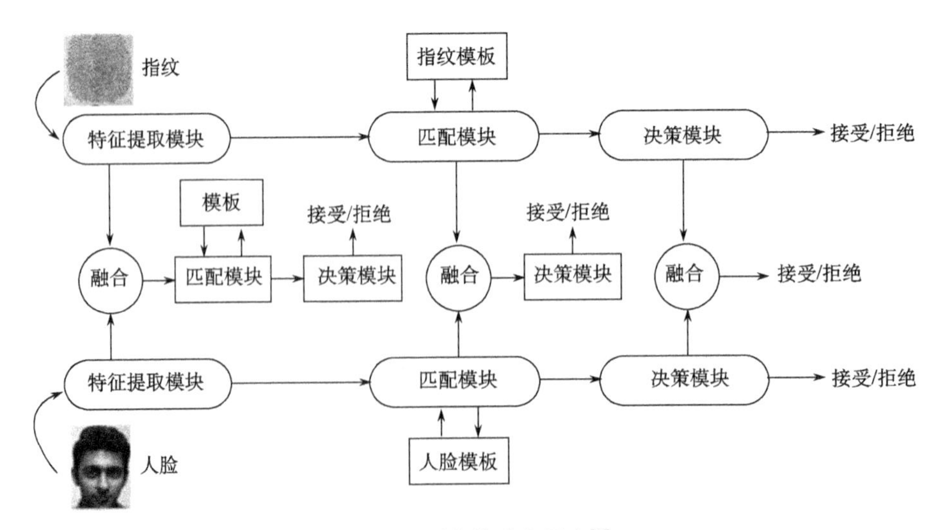

图 2.4 可能的融合层次[7]

（1）数据层融合：由传感器获得原始图像数据后直接进行融合。

（2）特征提取层融合：每一种生物特征利用传感器获得数据以后，可以利用各种算法提取不同的特征，如果提取的生物特征相互独立，利用一定的融合策略将两种生物特征融合为一个新的特征向量，新的特征向量具有更高的维度，并且在一个不同的特征空间表示该个体的身份（一般希望具有更多的判别信息），因此常常使用提取显著特征的维度约简技术。

（3）匹配层融合：每一种生物特征匹配器提供一个相似性分数，用来表示输入特征向量与模板向量的相近程度，称为匹配值。这些匹配分数能够被融合，用来评估用户请求身份的正确性，加权平均技术在匹配层融合时常常使用。这种融合模式需要将匹配值进行标准化处理，以保证融合之前匹配值拥有相同的数量级[3,7]。一般经过两个步骤：匹配值分布的统计估计和公共域（common domain）的转换。

（4）决策层融合：每种生物特征识别系统都会依赖特征向量做出最后的决策，将每种生物特征识别系统的决策进行融合，得到一个最终的决策。最大投票法[8]技术常常在最后决策中使用。

对于生物特征识别系统，每经过一个环节都会有信息损失和失真的风险。因此，融合发生的层次越早，效果越明显[3]。按照这种理论，在数据层融合会有更好的识别效果。然而，数据层的融合也有自身的缺陷，即融合数据量过于庞大，不利于生物特征识别系统进行计算和存储，因此特征层和匹配层的融合通常被优先选择。一般情况下，特征表示比匹配值具有更加丰富的信息，决策层的类标签则包含更少的信息，因此在特征层融合一般会比匹配层融合获得更好的表现。然而，不同生物特征识别系统的特征空间之间的关系往往并不十分清楚，特征表示也许并不兼容，因此在特征层融合执行会更加困难。此外，由于个体特征的专有属性，有时多模态系统无法获得具体的特征值。在这种情况下，匹配值和决策层的融合就是唯一的选择。表 2.1 给出了四种融合层次的定性比较。

2）标准化技术

在多模态识别系统中，特征扫描、提取和分类需要使用不同的方法，融合这些结果时必须将其转变成标准形式。如人脸匹配值一般为 50～100，而声音匹配

表 2.1 不同信息融合层次性能指标的对比

性能指标 \ 融合层次	数据层	特征层	匹配层	决策层
信息量	大	较大	中	小
实现难度	中	大	中	小
效率增益	小	大	较大	较小

值为 5～10。如果直接进行融合，数量级小的数据所起到的作用就非常有限。如果在一个系统中需要综合考虑所有特征的匹配值，那么将匹配值标准化就显得非常重要了。现存的标准化技术种类很多，下面介绍几种常用的标准化方法[2]。用 s 表示输出匹配值，用 s' 表示标准化后的数值。

（1）最小值-最大值法：这种方法将匹配值标准化到 0～1。

$$s' = (s - \min) / (\max - \min) \tag{2.1}$$

式中，min 为最小匹配值；max 为最大匹配值。

（2）z 值法：这种方法是将匹配值标准化为正态分布。

$$s' = (s - \mu) / \sigma \tag{2.2}$$

式中，μ 为所有匹配值的均值；σ 为所有匹配值的方差。

（3）tanh 法：这种方法将匹配值标准化到 0～1，其被认为是目前最有效的方法。

$$s' = \sqrt{\tanh(0.01(s - \mu) / \sigma) + 1} \tag{2.3}$$

式中，μ 为所有匹配值的均值；σ 为所有匹配值的方差。

另外还有中值自适应法、双二次曲面法（two quadrics）、对数法和二次曲面-直线-二次曲面法（quadric line quadric）等。

3）融合方法

融合技术是多模态生物特征识别系统中的重要组成部分，标准化后的匹配值被映射到 1D 空间进行有效融合，并做出最后决策。决策依据定义的阈值而定，如果融合后产生的决策值小于设定的阈值，则用户被拒绝，否则被接受。匹配值的融合要比标准化更加重要和复杂。在多模态生物特征识别系统中，并不是每一种特征的贡献率都是相同的，有些会更容易受噪声的影响，因而比其他的特征更加不准确。下面简单介绍一些常用的融合方法。

在匹配层，求和原则[3]、加权平均[2]、求积原则、K 近邻分类器、决策树和贝叶斯方法[7]等都得到了很好的表现。另外，Roli 等[9]将决策层融合方法分为两类：确定原则（fixed rules）和训练原则（trained rules）。融合策略中最大投票法和求和原则法属于确定原则，而加权平均和行为知识空间属于训练原则。而且，专有用户参数（user-specific parameters）（专有用户的阈值或权值）能进一步提高生物特征识别系统的表现能力[3, 10]。

4）运作模式

从运作模式考虑，多模态生物特征识别系统可以分为三类[11]：并联模式、串联模式和级联模式，以决策层融合为例的运作模式如图 2.5 所示。

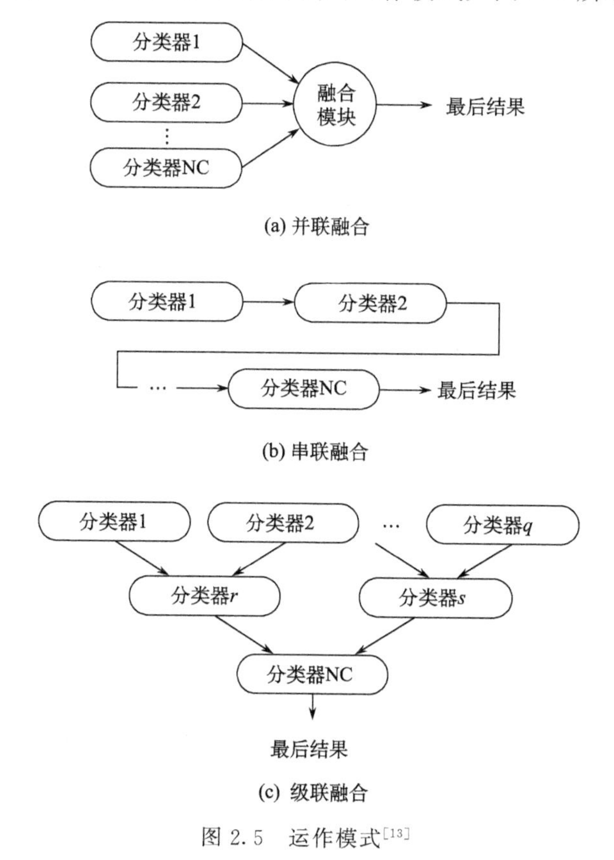

图 2.5　运作模式[13]

并联模式：系统同时完成生物特征的融合，也就是说并联模式将多种生物特征同时使用，并进行识别。

串联模式：系统按顺序完成生物特征的融合。在串联模式中，一种生物特征的输出用来降低可能身份的范围，然后使用下一种生物特征进行后续的操作，这相当于在识别系统中采取一种索引机制。例如，使用人脸和指纹的多模态生物特征识别系统，能够先用人脸信息检索出最相近的若干匹配，然后使用指纹信息进一步搜索唯一的身份特征。

级联模式：当分类器数量很多时，生物特征可以利用类似树结构的分级方案进行融合。在级联模式中，不必同时使用不同的生物特征。此外，其不需要使用所有生物特征也可获得结论，有效地减少了识别过程所需要的时间[12]。

2.3.2　多模态生物特征识别系统与数据库

1）单生物特征多种传感器

在生物特征识别系统中，由于所采用的传感器种类不同，获得的图像种类也不尽相同。例如，指纹采集，有的传感器是基于光学原理的，而有的是基于电容式的。文献［14］～［16］均采用人脸作为生物特征，利用普通摄像头或照相机获得灰度图像，利用激光扫描仪获得深度图像，利用红外摄像头获得红外光图像。然后在匹配层或是决策层对来自不同传感器的图像进行有效融合。结果表明，利用融合技术均会在不同程度上提高最后的识别效果。具体内容如表 2.2 所示。

表 2.2　单生物特征多种传感器

文献	数据库	图像种类	识别方法	融合层次	融合方法	识别结果
［14］	50 人	灰度图像和深度图像	EHMM	匹配层	加权求和原则	多模态同单模态方法相比，EER 改进2%～5%
［15］	278 人	彩色图像和深度图像	PCA	匹配层	加权求和原则	2D 特征得到 83.1%的识别率，3D 特征得到 83.7%的识别率，融合得到 92%的识别率

续表

文献	数据库	图像种类	识别方法	融合层次	融合方法	识别结果
[16]	240 人	可见光图像和红外光图像	PCA	匹配层和决策层	基于无权值方法、对数转换方法、基于匹配值方法	所有融合方法都要比单模态方法效果好，并且基于匹配值方法要优于其他融合方法

2）多种生物特征

利用多种生物特征进行有效融合是真正意义上的多模态生物特征融合技术。随着计算机技术突飞猛进的发展，许多新颖的生物特征识别技术应运而生，可以进行有效融合的多模态生物特征识别系统种类繁多。文献 [7]、[17] ～ [24] 介绍了目前可以进行有效融合的生物特征种类，包括人脸、指纹、手形、签名、掌纹、虹膜、唇动和语音等。表 2.3 总结了这些生物特征融合系统及相应的数据库。

表 2.3　多种生物特征

文献	数据库	融合特征	融合层次	融合方法	识别结果
[17]	100 人	人脸、指纹、手形	匹配层	求和原则、最大值原则、最小值原则	指纹识别系统最好的正确接受率是 83.6%，FAR 是 0.1%，而多模态方法最好的正确接受率是 98.6%，FAR 是 0.1%
[18]	972 人	人脸、指纹	匹配层	求和原则、最大值原则、最小值原则、匹配器权值	指纹识别系统和人脸识别系统获得最好的 EER 分别是 2.16% 和 3.76%，而多模态方法最好的 EER 是 0.63%
[19]	50 人	人脸、指纹、签名	匹配层	求和原则、SVM	人脸、在线签名和指纹识别系统的 EER 分别为 10%、4% 和 3%。而利用求和原则，SVM 独立用户和 SVM 非独立用户融合方法分别获得 0.5%、0.3% 和 0.05% 的 EER

续表

文献	数据库	融合特征	融合层次	融合方法	识别结果
[20]	100 人	掌纹、手形	特征层，匹配层	最大值原则	掌纹识别系统在实验中获得最好的识别结果是 2.04%的 FRR 和 4.49%的 FAR，而融合方法得到 1.41%的 FRR 和 0%FAR
[7]	100 人	人脸、指纹、手形	匹配层	求和原则、决策树、线性判别函数	最好的单模态系统指纹获得 0.01%的 FAR 和 25%的 FRR，而融合方法得到 0.03%的 FAR 和 1.78%的 FRR
[21]	130 人	人脸、虹膜	匹配层	加权求和原则、神经网络	所有的融合方法都优于单模态方法，神经网络方法表现更好
[22]	236 人	人脸、指纹	决策层	—	单模态系统在 0.01%的 FAR 时，人脸和指纹分别获得 61.2%的 FRR 和 10.6%的 FRR，而多模态系统在相同 FAR 的情况下，可以得到 6.6%的 FRR
[23]	—	人脸、语音	匹配层	加权几何平均	单模态系统中语音和人脸分别获得 88%和 91%的识别率，而融合方法可以获得 98%的识别率
[24]	150 人	人脸、语音、唇动	匹配层	—	融合后得到低于 1%的 FAR

此外，用于多种生物特征融合研究的还有 BIOMET 数据库[25]、BANCA 数据库[26]和 MCYT 数据库[27]。BIOMET 数据库有 327 人，包括人脸、语音、指纹、手型和签名五种生物特征；BANCA 数据库有 208 人，包括人脸和语音（四种欧洲语言）两种特征；MCYT 数据库有 330 人，包括指纹和签名两种特征。表 2.3 中所有识别结果说明，多种生物特征的有效融合可以提高系统的表现性能。

3）单生物特征多种匹配器、单元或表达

表 2.4 总结了采用单生物特征多种匹配器、单元或表达方式进行融合的生物特征识别系统，实验结果说明这些种类的融合方式同样可以提高系统的最终识别效果。

表 2.4　单生物特征多种匹配器、单元或表达

文献	数据库	融合方式	融合层次	识别结果
[28]	100 人	多个单位（两只不同手指）	特征层	多模态方法得到 1.8%FAR，1.9%EER
[29]	206 人	多种表达方式（人脸、PCA、ICA 和 LDA）	匹配层	单模态方法中 PCA、ICA 和 LDA 分别得到 79.1%、88.1% 和 81.0% 的识别率，融合后，求和原则和 RBF 分别得到 90.0% 和 90.2% 的识别率
[30]	167 人	多个单位（四只不同手指）	决策层	匹配器融合可以提高 3% 的识别率，同一特征的多种表达融合或是多个单位融合也可以提高系统的表现能力
[31]	167 人	多种匹配器（指纹，Hough 变换，距离法和 2D 动态法）	匹配层	使用多种匹配器，表现能力显著增强

综上所述，融合多种生物特征时，生物特征的独立性在改善系统中起到了非常重要的作用。精心设计的用于大规模数据库的融合方案的使用，获得了比单生物特征识别更加优秀的表现。不相关生物特征的融合（如指纹和人脸）比相关特征（同一指纹的不同表达或者不同指纹匹配器）的融合获得了更好的结果。此外，不相关特征的融合也能够更显著减小注册失败的可能性，同时获得更大的反欺诈安全性。另一方面，这种融合需要用户提供多种特征，也许会因此带来不便，而且系统的成本也会由于多种传感器的使用而大幅度增加，这种不便和成本因素是目前多模态生物特征识别系统民用的最大障碍。因此，在选择生物特征识别系统时，要综合考虑应用的环境、安全等级的要求、成本的限制、用户的可接受程度以及运行的效率等。如高安全级别的应用、大规模的识别系统以及被动识别的应用，可以考虑使用多模态生物特征系统；而小规模、低成本的商用应该考虑不断提高单生物特征识别系统的性能。

2.4　人脸人耳多模态识别技术研究

最近公开发表的 2D 和 3D 人脸、人耳识别方法显示，优秀的识别表现大都在约束环境下获得，如特定的光照、姿态或者要求被试取下遮挡饰物等；而更多的非约束环境下个体身份的识别则要求识别系统具有更高的安全性和可靠性，如海关边检、交通监控、机场出入境等。在大多数情况下，为了尽可能捕获更多人的视频图像，阻止不法分子的破坏活动，智能监控摄像机一般放置在天花板上。此外，大多数人在没有被刻意要求的情况下都不会直视摄像机，因此不可能获得正面人脸。

由 FRVT2002 评估报告可知，人脸的有效识别范围仅为［−30°，30°］，人耳的有效识别范围也大致在［−30°，30°］范围内。在大角度姿态背景下，这些可靠有效的技巧便会表现得非常不稳定，有时甚至会完全失效。而基于 3D 的方法所需设备造价昂贵，可操作性差，且计算复杂，工作量繁重，很难应用于现实生活中。在目前实际应用领域中，获得图像的手段大都是基于 2D 的（如摄像机、CCD 等），因此，以 2D 图像为出发点研究人脸和人耳识别中的姿态、遮挡和光照等问题，更加具有科学意义和实际应用价值。

而且在现实生活中，使用单一的生物特征识别系统通常会受到噪声的影响、自由度的限制、生物特征的非普遍性以及无法接受的误差干扰等[7]。为了提高表现能力，多模态生物特征识别系统力图缓解甚至消除这些弊端。另外，多模态生物特征识别系统因为需要随时提供多种生物特征而使得冒名顶替十分困难，其安全性也更有保障。

人耳在人脸的侧面，这种近似成 90°的特殊生理位置，决定了在姿态变化的情况下，二者具有信息上的互补性，因此可以将它们融合在一起。即使在没有提供正面人脸的情况下，也有可能利用信息互补来鉴别身份。

然而信息融合的效果在很大程度上依赖融合的信息是否能够被真实、准确和完整地表示[32]。剧烈的姿态变化、遮挡等现象使人脸和人耳信息大量缺损，因此姿态、遮挡等问题成为人脸和人耳信息有效融合的基础问题。而由前面的介绍可知，多模态生物特征识别系统比单模态识别系统更加可靠、安全，因此可以利用人脸人耳多模态识别技术，克服姿态、遮挡等不利因素的影响，使系统获得更高的鲁棒性。

本书以人脸、人耳生物特征为研究对象，探讨人脸和人耳多模态生物特征识别的可行性和有效性。

2.5　本章小结

随着对身份认证技术的迫切需求，生物特征识别技术面临进一步提高安全性和可靠性的挑战。本章针对单模态生物特征识别系统的局限性，介绍了多模态生物特征识别技术的概念、优势，并从数据库、生物特征种类、融合层次、融合方法、识别方法、识别结果等几个方面，对目前多模态生物特征识别技术的发展与现状做了详细的介绍和总结；按照融合方式归纳了近 20 种多模态生物特征识别系统，并作了对比和分析；最后以多模态生物特征识别系统所具有的各种优势和实际表现为依据，以及人脸、人耳特殊的生理位置所决定的信息互补优势，尝试利用人脸人耳多模态生物特征识别来探讨个体身份验证和识别的可行性和有效性。

多模态生物特征识别系统比单模态具有更多的优势，身份认证中存在的非普遍性、欺诈行为、无效性和不准确性等问题在多模态生物特征识别系统中都可以被有效地解决，融合和标准化等不同的技巧又使得多模态生物特征识别系统更加准确和有效。虽然多模态生物特征识别系统也存在成本高等不利因素，但是随着硬件技术以及系统在公共领域，如网络银行、电子商务、法学研究等方面潜能的不断提高，其必然成为未来身份认证技术的主流。

参考文献

[1] http://www. people. com. cn.

[2] Anil J K, Arun R, Prabhakar S. An introduction to biometric recognition. IEEE Transactions on Circuits and Systems for Video Technology, Special Issue on Image- and Video-Based Biometrics, 2004, 14 (1): 4-20.

[3] Anil J K, Arun R. Multimodal biometrics: An overview. The 12th European Signal Processing Conference, Vienna, Austria, 2004: 1221-1224.

[4] Golfarelli M, Maio D, Maltoni D. On the error-reject tradeoff in biometric verification systems. IEEE Transactions on Pattern Analysis and Machine Intelligence, 1997, 19 (7): 786-796.

[5] den Os E, Jongebloed H, Stijsiger A, et al. Speaker verification as a user-friendly access for

the visually impaired. The European Conference on Speech Technology, Budapest, 1999.

[6] Matsumoto T, Matsumoto H, Yamada K, et al. Impact of artificial gummy fingers on fingerprint systems. Proceedings of SPIE, San Jose, 2002: 275-289.

[7] Anil J K, Arun R. Information fusion in biometrics. Pattern Recognition Letters, 2003, 24: 2115-2125.

[8] Zuev Y A, Ivanov S K. The voting as a way to increase the decision reliability. Journal of the Franklin Institute, 1999, 336 (2): 361-378.

[9] Roli F, Kittler J, Fumera G, et al. An experimental comparison of classifier fusion rules for multimodal personal identity verification systems. 3rd International Workshop on Multiple Classifier Systems, Cagliari, 2002: 325-335.

[10] Anil J K, Arun R. Learning user-specific parameters in a multibiometric system. International Conference on Image Processing (ICIP), New York, 2002: 1-57.

[11] Maltoni D, Maio D, Anil J K, et al. Handbook of Fingerprint Recognition. New York: Springer, 2003.

[12] Wang Y, Liu Z W. A survey on multimodal biometrics. International Conference on Automation and Robotics (ICAR), Dubai, 2011: 387-396.

[13] Dessimoz D, Richiardi J, Champod C, et al. Multimodal biometrics for identity documents. Forensic Science International, 2007, 167 (2): 154-159.

[14] Tsalakanidou F, Malassiotis S, Strintzis M G. Integration of 2D and 3D images for enhanced face authentication. The 6th IEEE International Conference on Automatic Face and Gesture Recognition (FGR'04), Seoul, 2004: 266-271.

[15] Chang K I, Bowyer K W, Flynn P J. Multi-modal 2D and 3D biometrics for face recognition. IEEE International Workshop on Analysis and Modeling of Faces and Gestures (AMFG'03), Nice, 2003: 187-194.

[16] Chen X, Flynn P J, Bowyer K W. Visible-light and infrared face recognition. 2003 Workshop on Multimodal User Authentication, Santa Barbara, 2003.

[17] Anil J K, Nandakumar K, Arun R. Score normalization in multimodal biometric systems. Pattern Recognition, 2005, 38: 2270-2285.

[18] Snelick R, Uludag U, Mink A, et al. Large scale evaluation of multimodal biometric authentication using state-of-the-art systems. IEEE Transactions on Pattern Analysis and Machine Intelligence, 2005, 27 (3): 450-455.

[19] Fierrez-Aguilar J, Ortega-Garcia J, Garcia-Romero D, et al. A comparative evaluation of fusion strategies for multimodal biometric verification. The 4th International Conference on Audio- and Video-Based Biometric Person Authentication (AVBPA), Guildford, 2003: 830-837.

[20] Kumar A, Wong D C, Shen H C, et al. Personal verification using palmprint and hand geometry biometric. The 4th International Conference on Audio- and Video-Based Biometric Person Authentication (AVBPA), Guildford, 2003: 668-678.

[21] Bigün E S, Bigün J, Duc B, et al. Expert conciliation for multimodal person authentication systems using bayesian statistics. First International Conference on Audio- and Video-Based Biometric Person Authentication (AVBPA), Crans-Montana, 1997: 291-300.

[22] Hong L, Anil J K. Integrating faces and fingerprints for personal identification. IEEE Transactions on Pattern Analysis and Machine Intelligence, 1998, 20 (12): 1295-1307.

[23] Brunelli R, Falavigna D. Person identification using multiple cues. IEEE Transactions on Pattern Analysis and Machine Intelligence, 1995, 17 (10): 955-966.

[24] Frischholz R W, Dieckmann U. BioID: A multimodal biometric identification system. Computer, 1998, 33 (2): 64-68.

[25] Garcia-Salicetti S, Beumier C, Chollet G, et al. BIOMET: A multimodal person authentication database including face, voice, fingerprint, hand and signature modalities. The 4th International Conference on Audio-and Video-Based Biometric Person Authentication (AVBPA), Guildford, 2003: 845-853.

[26] Bailly-Baillière E, Bengio S, Bimbot F, et al. The BANCA database and evaluation protocol. 4th International Conference on Audio- and Video-Based Biometric Person Authentication (AVBPA), Guildford, 2003: 625-638.

[27] Ortega-Garcia J, Fierrez-Aguilar J, Simon D, et al. MCYT baseline corpus: A bimodal biometric database. IEEE Proceedings of Vision, Image and Signal Processing, Stevenage, 2003: 395-401.

[28] Yanikoglu B, Kholmatov A. Combining multiple biometrics to protect privacy. ICPR-BCTP Workshop 2004, Cambridge, 2004: 43.

[29] LuX, Wang Y, Anil J K. Combining classifiers for face recognition. International Conference on Multimedia and Expo (ICME), Baltimore, 2003: 13-16.

[30] Prabhakar S, Anil J K. Decision-level fusion in fingerprint verification. Pattern

Recognition, 2002, 35 (4), 861-874.

[31] Anil J K, Prabhakar S, Chen S. Combining multiple matchers for high security fingerprint verification system. Pattern Recognition Letters, 1999, 20 (11-13): 1371-1379.

[32] Rogova G L, Nimier V. Reliability in information fusion: literature survey. The 7th International Conference on Information fusion, Stockholm, 2004: 1158-1165.

第3章　基于核典型相关分析的人脸人耳多模态识别

无论人脸图像还是人耳图像，剧烈的姿态变化均会造成信息的大量损失。由于人脸与人耳在生理位置上近乎垂直，在头部不断变换姿态的过程中，二者相对位置保持不变，所以它们在信息上具有互补性和相关性，并且这种互补性与相关性在识别中意义重大。为了克服人脸识别和人耳识别中姿态所带来的严重影响，本章考虑同时应用这两种生物特征，充分利用二者之间的信息互补性和相关性，来解决或者缓解姿态问题对人脸或人耳单生物特征识别的不利影响。为了达到上述目的，本章应用信息融合技术中的典型相关分析（canonical correlation analysis，CCA）和核典型相关分析（kernel canonical correlation analysis，KCCA）方法，不仅可以去除同一模态的不同变量之间的冗余信息，还可以使两种模态所提取的特征具有最大相关性。本章选用在生理位置上具有一定信息互补性和相关性的人脸人耳作为研究对象，针对剧烈的姿态变化造成信息大量缺损的问题，提出一种基于KCCA方法的人脸人耳多模态识别方法。该方法先对人脸人耳图像的数据集分别进行标准化和中心化预处理，然后利用KCCA方法在数据层进行特征提取及有效融合，最后用最近邻方法进行分类识别。

3.1　典型相关分析原理

理论上KCCA方法将原始数据经过非线性映射后，在高维空间使用传统的典型相关分析方法。因此详细了解CCA方法有助于更加深入地理解KCCA方法，这里先介绍一下CCA方法。

CCA方法是由Hotelling[1]于1936年首次提出的。这种多变量分析方法作为多元统计学的重要组成部分，是相关分析研究的重要内容之一。近年来这种方法广泛应用于图像处理[2]、图像分析[3,4]、图像复原[5,6]、模式识别[7,9]、计算机视觉[10,11]、纹理分析与复原[12]、衰退与预测[13]、信息融合[14]、生物信息[15]、数学建模[16]以及其他领域。

在多元统计分析中，经常需要研究两组随机变量之间的相关性问题。即把两组随机变量之间的相关性研究转化为几对变量之间的相关性研究，而且这少数几对变量之间又是不相关的，这种处理两组随机变量之间相互依赖关系的统计方法称为典型相关分析方法。CCA 方法的理论已经比较完善，但其多应用于数据分析和预测，将其应用于特征融合领域的研究尚不多见。孙权森等[17]首次将其应用于特征融合技术中。

作为线性子空间降维方法之一，典型相关分析的目的是为两组均值为零的标准化数据集 $\boldsymbol{X}=[\boldsymbol{x}_1, \cdots, \boldsymbol{x}_n]$ 和 $\boldsymbol{Y}=[\boldsymbol{y}_1, \cdots, \boldsymbol{y}_n]$ 寻找基向量对 $(\boldsymbol{w}_x, \boldsymbol{w}_y)$，使规范主元对（*canonical component pairs*）$(\boldsymbol{w}_x{}^{\mathrm{T}}\boldsymbol{X}, \boldsymbol{w}_y{}^{\mathrm{T}}\boldsymbol{Y})$ 之间的相关性达到最大，下面介绍相关理论。

给定 n 对数据 $(\boldsymbol{x}_i, \boldsymbol{y}_i)$，$\boldsymbol{x}_i \in \boldsymbol{R}^p$，$\boldsymbol{y}_i \in \boldsymbol{R}^q$，$i=1, \cdots, n$，均值为 $(\overline{\boldsymbol{x}}, \overline{\boldsymbol{y}})$，基向量对 $(\boldsymbol{w}_x, \boldsymbol{w}_y)$ 可以通过式（3.1）计算得到[18]。

$$
\begin{aligned}
(\boldsymbol{w}_x, \boldsymbol{w}_y) &= \underset{\boldsymbol{w}_x, \boldsymbol{w}_y}{\operatorname{argmax}} \frac{E[\boldsymbol{x}\boldsymbol{y}]}{\sqrt{E[\boldsymbol{x}^2]E[\boldsymbol{y}^2]}} \\
&= \underset{\boldsymbol{w}_x, \boldsymbol{w}_y}{\operatorname{argmax}} \frac{\sum_{i=1}^{n} \boldsymbol{w}_x^{\mathrm{T}}(\boldsymbol{x}_i-\overline{\boldsymbol{x}})(\boldsymbol{y}_i-\overline{\boldsymbol{y}})^{\mathrm{T}}\boldsymbol{w}_y}{\sqrt{\sum_{i=1}^{n} \boldsymbol{w}_x^{\mathrm{T}}(\boldsymbol{x}_i-\overline{\boldsymbol{x}})(\boldsymbol{x}_i-\overline{\boldsymbol{x}})^{\mathrm{T}}\boldsymbol{w}_x} \cdot \sqrt{\sum_{i=1}^{n} \boldsymbol{w}_y^{\mathrm{T}}(\boldsymbol{y}_i-\overline{\boldsymbol{y}})(\boldsymbol{y}_i-\overline{\boldsymbol{y}})^{\mathrm{T}}\boldsymbol{w}_y}} \\
&= \underset{\boldsymbol{w}_x, \boldsymbol{w}_y}{\operatorname{argmax}} \frac{\boldsymbol{w}_x^{\mathrm{T}}\boldsymbol{X}\boldsymbol{P}_c\boldsymbol{Y}^{\mathrm{T}}\boldsymbol{w}_y}{\sqrt{\boldsymbol{w}_x^{\mathrm{T}}\boldsymbol{X}\boldsymbol{P}_c\boldsymbol{X}^{\mathrm{T}}\boldsymbol{w}_x} \cdot \sqrt{\boldsymbol{w}_y^{\mathrm{T}}\boldsymbol{Y}\boldsymbol{P}_c\boldsymbol{Y}^{\mathrm{T}}\boldsymbol{w}_y}}
\end{aligned} \tag{3.1}
$$

因此，$(\boldsymbol{w}_x, \boldsymbol{w}_y)$ 的求解可以转化为下面带有约束条件的优化问题。

$$
\max_{\boldsymbol{w}_x, \boldsymbol{w}_y} \boldsymbol{w}_x^{\mathrm{T}}\boldsymbol{X}\boldsymbol{P}_c\boldsymbol{Y}^{\mathrm{T}}\boldsymbol{w}_y \quad \text{s. t.} \ \boldsymbol{w}_x^{\mathrm{T}}\boldsymbol{X}\boldsymbol{P}_c\boldsymbol{X}^{\mathrm{T}}\boldsymbol{w}_x=1, \ \boldsymbol{w}_y^{\mathrm{T}}\boldsymbol{Y}\boldsymbol{P}_c\boldsymbol{Y}^{\mathrm{T}}\boldsymbol{w}_y=1 \tag{3.2}
$$

式中，$\boldsymbol{X}=[\boldsymbol{x}_1, \cdots, \boldsymbol{x}_n]$；$\boldsymbol{Y}=[\boldsymbol{y}_1, \cdots, \boldsymbol{y}_n]$；$\boldsymbol{P}_c=\boldsymbol{I}-\frac{1}{n}l_n l_n^{\mathrm{T}}$，$l_n=[1, \cdots, 1]^{\mathrm{T}} \in \boldsymbol{R}^n$。$\boldsymbol{P}_c$ 是平均标准化矩阵，并且满足 $\boldsymbol{P}_c^{\mathrm{T}}=\boldsymbol{P}_c$，$\boldsymbol{P}_c^{\mathrm{T}}\boldsymbol{P}_c=\boldsymbol{P}_c$。而且，由于式（3.1）中 $\boldsymbol{w}_x$ 和 $\boldsymbol{w}_y$ 的比例不变性，式（3.2）中的约束条件是充分的，但并非是必要的。

对式（3.2）利用 Lagrange 乘数法，取函数

$$
\boldsymbol{L}(\boldsymbol{w}_x, \boldsymbol{w}_y, \boldsymbol{\lambda}_x, \boldsymbol{\lambda}_y)=\boldsymbol{w}_x^{\mathrm{T}}\boldsymbol{X}\boldsymbol{P}_c\boldsymbol{Y}^{\mathrm{T}}\boldsymbol{w}_y-\frac{\boldsymbol{\lambda}_x}{2}(\boldsymbol{w}_x^{\mathrm{T}}\boldsymbol{X}\boldsymbol{P}_c\boldsymbol{X}^{\mathrm{T}}\boldsymbol{w}_x-1)
$$

$$-\frac{\lambda_y}{2}(\boldsymbol{w}_y^{\mathrm{T}}\boldsymbol{Y}\boldsymbol{P}_c\boldsymbol{Y}^{\mathrm{T}}\boldsymbol{w}_y-1) \tag{3.3}$$

式中，$\boldsymbol{\lambda}_x$ 和 $\boldsymbol{\lambda}_y$ 为 Lagrange 乘数。令

$$\frac{\partial \boldsymbol{L}}{\partial \boldsymbol{w}_x}=\boldsymbol{X}\boldsymbol{P}_c\boldsymbol{Y}^{\mathrm{T}}\boldsymbol{w}_y-\boldsymbol{\lambda}_x\boldsymbol{X}\boldsymbol{P}_c\boldsymbol{X}^{\mathrm{T}}\boldsymbol{w}_x=0 \tag{3.4}$$

$$\frac{\partial \boldsymbol{L}}{\partial \boldsymbol{w}_y}=\boldsymbol{Y}\boldsymbol{P}_c\boldsymbol{X}^{\mathrm{T}}\boldsymbol{w}_x-\boldsymbol{\lambda}_y\boldsymbol{Y}\boldsymbol{P}_c\boldsymbol{Y}^{\mathrm{T}}\boldsymbol{w}_y=0 \tag{3.5}$$

将式（3.4）和式（3.5）分别左乘 $\boldsymbol{w}_x^{\mathrm{T}}$ 和 $\boldsymbol{w}_y^{\mathrm{T}}$，并利用式（3.2）的约束条件可得

$$\boldsymbol{w}_x^{\mathrm{T}}\boldsymbol{X}\boldsymbol{P}_c\boldsymbol{Y}^{\mathrm{T}}\boldsymbol{w}_y=\boldsymbol{\lambda}_x \tag{3.6}$$

$$\boldsymbol{w}_y^{\mathrm{T}}\boldsymbol{Y}\boldsymbol{P}_c\boldsymbol{X}^{\mathrm{T}}\boldsymbol{w}_x=\boldsymbol{\lambda}_y \tag{3.7}$$

因此，$\boldsymbol{\lambda}_x=\boldsymbol{\lambda}_y$，令 $\boldsymbol{\lambda}=\boldsymbol{\lambda}_x=\lambda_y$，则式（3.2）为

$$\max_{\boldsymbol{w}_x,\ \boldsymbol{w}_y}\boldsymbol{w}_x^{\mathrm{T}}\boldsymbol{X}\boldsymbol{P}_c\boldsymbol{Y}^{\mathrm{T}}\boldsymbol{w}_y=\boldsymbol{\lambda} \tag{3.8}$$

这说明 Lagrange 乘数 $\boldsymbol{\lambda}_x$ 等于 $\boldsymbol{\lambda}_y$，且等于 $\boldsymbol{X}$ 和 $\boldsymbol{Y}$ 的相关系数。因此求解式（3.2)的优化问题，可以通过求解式（3.9）的特征值问题获得。

$$\begin{pmatrix} & \boldsymbol{X}\boldsymbol{P}_c\boldsymbol{Y}^{\mathrm{T}} \\ \boldsymbol{Y}\boldsymbol{P}_c\boldsymbol{X}^{\mathrm{T}} & \end{pmatrix}\begin{pmatrix}\boldsymbol{w}_x \\ \boldsymbol{w}_y\end{pmatrix}=\lambda\begin{pmatrix}\boldsymbol{X}\boldsymbol{P}_c\boldsymbol{X}^{\mathrm{T}} & \\ & \boldsymbol{Y}\boldsymbol{P}_c\boldsymbol{Y}^{\mathrm{T}}\end{pmatrix}\begin{pmatrix}\boldsymbol{w}_x \\ \boldsymbol{w}_y\end{pmatrix} \tag{3.9}$$

这里求得的特征值 λ 就是相关性，也就是式（3.2）中优化的目标函数值。式（3.9）能够进一步分解为分别求解 $\boldsymbol{w}_x$ 和 $\boldsymbol{w}_y$ 的特征值问题。当求得基向量对 $(\boldsymbol{w}_{xi},\ \boldsymbol{w}_{yi})$（$i=1,\ \cdots,\ d$）后，原始数据维数约简可以借助 $\boldsymbol{W}_x^{\mathrm{T}}\boldsymbol{X}^c$ 和 $\boldsymbol{W}_y^{\mathrm{T}}\boldsymbol{Y}^c$ 获得 d 组相关主元对 $(\boldsymbol{w}_{xi}^{\mathrm{T}}\boldsymbol{X}^c,\ \boldsymbol{w}_{yi}^{\mathrm{T}}\boldsymbol{Y}^c)$，这里 $\boldsymbol{X}^c=\boldsymbol{X}\boldsymbol{P}_c$，$\boldsymbol{Y}^c=\boldsymbol{Y}\boldsymbol{P}_c$ 是平均标准化数据矩阵；$\boldsymbol{W}_x=[\boldsymbol{w}_{x1},\ \cdots,\ \boldsymbol{w}_{xd}]$，$\boldsymbol{W}_y=[\boldsymbol{w}_{y1},\ \cdots,\ \boldsymbol{w}_{yd}]$ 分别表示两个投影矩阵，它们的每一列对应式（3.9）的前 d 个公共特征值，并且满足 $d\leqslant\min(p,\ q)$。令 $\boldsymbol{s}_x=\boldsymbol{w}_x^{\mathrm{T}}\boldsymbol{X}^c$，$\boldsymbol{s}_y=\boldsymbol{w}_y^{\mathrm{T}}Y^c$，则融合特征列向量 $\boldsymbol{s}=[\boldsymbol{s}_x+\boldsymbol{s}_y]$。

3.2　核典型相关分析原理

从本质上来说，CCA 方法是一种线性降维技巧，因此它只能以一种全局的方式展现两个特征集之间的线性相关性，这种线性模型对于评价特征集之间的非

线性相关性就显得不够充分了。目前主要有三种解决非线性评估问题的方法：基于核的方法[14,19]、神经网络方法[20]和基于局部的方法[21]。本章选用基于核的方法提出基于 KCCA 方法的姿态人耳、人脸多模态识别方法。

KCCA 方法[18]利用两个非线性映射 $\boldsymbol{\Phi}$ 和 $\boldsymbol{\Psi}$ 将原始随机矢量空间 $\boldsymbol{x}_i$ 和 $\boldsymbol{y}_i$ 映射到高维空间 $\boldsymbol{F}_x$ 和 $\boldsymbol{F}_y$，映射后的数据集为$\{(\boldsymbol{\Phi}(\boldsymbol{x}_i), \boldsymbol{\Psi}(\boldsymbol{y}_i))\}_{i=1}^{n}$，$n$ 为样本个数，高维空间的基向量对$(\boldsymbol{w}_{\Phi,x}^{k}, \boldsymbol{w}_{\Psi,y}^{k})$（$k=1, \cdots, r$）可表示为

$$\boldsymbol{w}_{\Phi, x}^{k}=\sum_{i=1}^{n}\alpha_i\boldsymbol{\Phi}(\boldsymbol{x}_i)=\boldsymbol{\Phi}(X)\boldsymbol{\alpha} \tag{3.10}$$

$$\boldsymbol{w}_{\Psi, y}^{k}=\sum_{i=1}^{n}\beta_i\boldsymbol{\Phi}(\boldsymbol{y}_i)=\boldsymbol{\Psi}(Y)\boldsymbol{\beta} \tag{3.11}$$

为了推导方便，这里假设 $\boldsymbol{\Phi}(\boldsymbol{X})=[\boldsymbol{\Phi}(\boldsymbol{x}_1), \cdots, \boldsymbol{\Phi}(\boldsymbol{x}_n)]$，$\boldsymbol{\Psi}(\boldsymbol{Y})=[\boldsymbol{\Psi}(\boldsymbol{y}_1), \cdots, \boldsymbol{\Psi}(\boldsymbol{y}_n)]$，均值都为 0；$\boldsymbol{\alpha}=[\boldsymbol{\alpha}_1, \cdots, \boldsymbol{\alpha}_n]^{\mathrm{T}}$，$\boldsymbol{\beta}=[\boldsymbol{\beta}_1, \cdots, \boldsymbol{\beta}_n]^{\mathrm{T}}$，表示特征空间中的系数向量。同 CCA 方法一样，KCCA 方法也需要求取投影函数 $\boldsymbol{w}_{\Phi,x}^{\mathrm{T}}\boldsymbol{\Phi}(\boldsymbol{X})\boldsymbol{\Psi}(\boldsymbol{Y})^{\mathrm{T}}\boldsymbol{w}_{\Psi,y}$ 的最大值，将式（3.10）和式（3.11）代入投影函数可以得到

$$\boldsymbol{\alpha}^{\mathrm{T}}\boldsymbol{\Phi}(\boldsymbol{X})^{\mathrm{T}}\boldsymbol{\Phi}(\boldsymbol{X})\boldsymbol{\Psi}(\boldsymbol{Y})^{\mathrm{T}}\boldsymbol{\Psi}(\boldsymbol{Y})\boldsymbol{\beta} \tag{3.12}$$

对式（3.12）中出现的内积形式应用核技巧，定义 $\boldsymbol{K}_x, \boldsymbol{K}_y \in \boldsymbol{R}^{n\times n}$，且 $(\boldsymbol{K}_x)_{ij}=\boldsymbol{\Phi}(\boldsymbol{x}_i)^{\mathrm{T}}\boldsymbol{\Phi}(\boldsymbol{x}_j)$，$(\boldsymbol{K}_y)_{ij}=\boldsymbol{\Psi}(\boldsymbol{y}_i)^{\mathrm{T}}\boldsymbol{\Psi}(\boldsymbol{y}_j)$，则 KCCA 方法可以转换成下面形式的优化问题。

$$\max_{\alpha, \beta}\ \boldsymbol{\alpha}^{\mathrm{T}}\boldsymbol{K}_x\boldsymbol{K}_y\boldsymbol{\beta} \qquad \text{s. t.}\ \boldsymbol{\alpha}^{\mathrm{T}}\boldsymbol{K}_x\boldsymbol{K}_x\boldsymbol{\alpha}=1,\ \boldsymbol{\beta}^{\mathrm{T}}\boldsymbol{K}_y\boldsymbol{K}_y\boldsymbol{\beta}=1 \tag{3.13}$$

对式（3.13）利用 Lagrange 乘数法，取函数

$$\boldsymbol{L}(\boldsymbol{\alpha}, \boldsymbol{\beta}, \lambda_\alpha, \lambda_\beta)=\boldsymbol{\alpha}^{\mathrm{T}}\boldsymbol{K}_x\boldsymbol{K}_y\boldsymbol{\beta}-\frac{\lambda_\alpha}{2}(\boldsymbol{\alpha}^{\mathrm{T}}\boldsymbol{K}_x^2\boldsymbol{\alpha}-1)-\frac{\lambda_\beta}{2}(\boldsymbol{\beta}^{\mathrm{T}}\boldsymbol{K}_y^2\boldsymbol{\beta}-1) \tag{3.14}$$

式中，$\boldsymbol{\lambda}_\alpha$ 和 $\boldsymbol{\lambda}_\beta$ 为 Lagrange 乘数。令

$$\frac{\partial \boldsymbol{L}}{\partial \boldsymbol{\alpha}}=\boldsymbol{K}_x\boldsymbol{K}_y\boldsymbol{\beta}-\boldsymbol{\lambda}_\alpha\boldsymbol{K}_x^2\boldsymbol{\alpha}=0 \tag{3.15}$$

$$\frac{\partial \boldsymbol{L}}{\partial \boldsymbol{\beta}}=\boldsymbol{K}_y\boldsymbol{K}_x\boldsymbol{\alpha}-\boldsymbol{\lambda}_\beta\boldsymbol{K}_y^2\boldsymbol{\beta}=0 \tag{3.16}$$

将式（3.15）和式（3.16）分别左乘 $\boldsymbol{\alpha}^{\mathrm{T}}$ 和 $\boldsymbol{\beta}^{\mathrm{T}}$，并利用式（3.13）的约束条

件可得

$$\boldsymbol{\alpha}^{\mathrm{T}}\boldsymbol{K}_x\boldsymbol{K}_y\boldsymbol{\beta}=\boldsymbol{\lambda}_\alpha\boldsymbol{\alpha}^{\mathrm{T}}\boldsymbol{K}_x^2\boldsymbol{\alpha}=\boldsymbol{\lambda}_\alpha \tag{3.17}$$

$$\boldsymbol{\beta}^{\mathrm{T}}\boldsymbol{K}_y\boldsymbol{K}_x\boldsymbol{\alpha}=\boldsymbol{\lambda}_\beta\boldsymbol{\beta}^{\mathrm{T}}\boldsymbol{K}_y^2\boldsymbol{\beta}=\boldsymbol{\lambda}_\beta \tag{3.18}$$

因此，$\boldsymbol{\lambda}_\alpha=\boldsymbol{\lambda}_\beta$，令 $\boldsymbol{\lambda}=\boldsymbol{\lambda}_\alpha=\boldsymbol{\lambda}_\beta$，则式（3.13）为

$$\max_{\alpha,\ \beta}\ \boldsymbol{\alpha}^{\mathrm{T}}\boldsymbol{K}_x\boldsymbol{K}_y\boldsymbol{\beta}=\lambda \tag{3.19}$$

这说明 Lagrange 乘数 $\boldsymbol{\lambda}_\alpha$ 等于 $\boldsymbol{\lambda}_\beta$，且等于 $\boldsymbol{\Phi}(\boldsymbol{x})$ 和 $\boldsymbol{\Psi}(\boldsymbol{y})$ 的相关系数。因此式（3.15）和式（3.16）可以写成

$$\boldsymbol{K}_x\boldsymbol{K}_y\boldsymbol{\beta}-\boldsymbol{\lambda}\boldsymbol{K}_x^2\boldsymbol{\alpha}=0 \tag{3.20}$$

$$\boldsymbol{K}_y\boldsymbol{K}_x\boldsymbol{\alpha}-\boldsymbol{\lambda}\boldsymbol{K}_y^2\boldsymbol{\beta}=0 \tag{3.21}$$

因为 $\boldsymbol{K}_x^2$ 和 $\boldsymbol{K}_y^2$ 均为正定阵，由式（3.20）和式（3.21）可推得

$$\boldsymbol{K}_x\boldsymbol{K}_y\ (\boldsymbol{K}_y^2)^{-1}\boldsymbol{K}_y\boldsymbol{K}_x\boldsymbol{\alpha}=\boldsymbol{\lambda}^2\boldsymbol{K}_x^2\boldsymbol{\alpha} \tag{3.22}$$

$$\boldsymbol{K}_y\boldsymbol{K}_x\ (\boldsymbol{K}_x^2)^{-1}\boldsymbol{K}_x\boldsymbol{K}_y\boldsymbol{\beta}=\boldsymbol{\lambda}^2\boldsymbol{K}_y^2\boldsymbol{\beta} \tag{3.23}$$

问题转变为求解式（3.22）和式（3.23）两个广义本征方程的问题[18]。记 $\boldsymbol{M}_{xy}=(\boldsymbol{K}_x^2)^{-1}\boldsymbol{K}_x\boldsymbol{K}_y\ (\boldsymbol{K}_y^2)^{-1}\boldsymbol{K}_y\boldsymbol{K}_x$，$\boldsymbol{M}_{yx}=(\boldsymbol{K}_y^2)^{-1}\boldsymbol{K}_y\boldsymbol{K}_x\ (\boldsymbol{K}_x^2)^{-1}\boldsymbol{K}_x\boldsymbol{K}_y$，则式（3.22）和式（3.23）变为

$$\boldsymbol{M}_{xy}\boldsymbol{\alpha}=\lambda^2\boldsymbol{\alpha} \tag{3.24}$$

$$\boldsymbol{M}_{yx}\boldsymbol{\beta}=\lambda^2\boldsymbol{\beta} \tag{3.25}$$

可见，$\boldsymbol{M}_{xy}$ 与 $\boldsymbol{M}_{yx}$ 具有相同的非零本征值。为了给出满足式（3.13）的求解，令

$$\boldsymbol{G}_1=(\boldsymbol{K}_x^2)^{-1/2}\boldsymbol{K}_x\boldsymbol{K}_y\ (\boldsymbol{K}_y^2)^{-1}\boldsymbol{K}_y\boldsymbol{K}_x\ (\boldsymbol{K}_x^2)^{-1/2} \tag{3.26}$$

$$\boldsymbol{G}_2=(\boldsymbol{K}_y^2)^{-1/2}\boldsymbol{K}_y\boldsymbol{K}_x\ (\boldsymbol{K}_x^2)^{-1}\boldsymbol{K}_x\boldsymbol{K}_y\ (\boldsymbol{K}_y^2)^{-1/2} \tag{3.27}$$

由矩阵的有关理论不难得到，$\boldsymbol{M}_{xy}$ 与 $\boldsymbol{G}_1$、$\boldsymbol{M}_{yx}$ 与 $\boldsymbol{G}_2$ 分别具有相同的非零本征值。再令 $\boldsymbol{H}=(\boldsymbol{K}_x^2)^{-1/2}\boldsymbol{K}_x\boldsymbol{K}_y\ (\boldsymbol{K}_y^2)^{-1/2}$，则 $\boldsymbol{G}_1=\boldsymbol{H}\boldsymbol{H}^{\mathrm{T}}$，$\boldsymbol{G}_2=\boldsymbol{H}^{\mathrm{T}}\boldsymbol{H}$。对矩阵 $\boldsymbol{H}$ 应用奇异值分解理论：$\boldsymbol{H}=\sum\limits_{k=1}^{r}\lambda_k\boldsymbol{u}_k\boldsymbol{v}_k^{\mathrm{T}}$，$r=\mathrm{rank}(\boldsymbol{K}_x\boldsymbol{K}_y)$。其中，$\lambda_1^2$，…，$\lambda_r^2$ 是 $\boldsymbol{G}_1$ 与 $\boldsymbol{G}_2$ 的所有非零本征值，$\boldsymbol{u}_k$ 和 $\boldsymbol{v}_k\ (k=1,\ 2,\ \cdots,\ r)$ 分别为 $\boldsymbol{G}_1$ 与 $\boldsymbol{G}_2$ 对应于非零本征值 λ_i^2 的单位正交本征向量。$\boldsymbol{M}_{xy}$ 与 $\boldsymbol{M}_{yx}$ 对应于 λ_i^2 的本征矢量为

$$\boldsymbol{\alpha}_k=(\boldsymbol{K}_x^2)^{-1/2}\boldsymbol{u}_k,\quad \boldsymbol{\beta}_k=(\boldsymbol{K}_y^2)^{-1/2}\boldsymbol{v}_k,\quad k=1,\ 2,\ \cdots,\ r \tag{3.28}$$

求出 $\boldsymbol{\alpha}_k$ 和 $\boldsymbol{\beta}_k$ 后，对于任意样本 $\boldsymbol{x}$，只需在高维空间 $\boldsymbol{F}_x$ 中计算其映射后 $\boldsymbol{\Phi}(x)$ 在

基向量 $\boldsymbol{w}_{\phi,x}^{k}$ 上的投影值

$$\boldsymbol{z}_{x}^{k}=(\boldsymbol{w}_{\Phi,x}^{k})^{\mathrm{T}}\boldsymbol{\Phi}(\boldsymbol{x})=\sum_{i=1}^{N}\alpha_{i}\boldsymbol{K}_{x}(\boldsymbol{x}_{i},\ \boldsymbol{x}) \tag{3.29}$$

将 $\boldsymbol{\Phi}(\boldsymbol{x})$ 在所有基向量 $\boldsymbol{w}_{\Phi,x}^{k}$ （$k=1$，…，m）上的投影值组成一个列向量 $\boldsymbol{s}_{x}=(\boldsymbol{s}_{x}^{1},\ \cdots,\ \boldsymbol{s}_{x}^{m})^{\mathrm{T}}$，作为任意样本图像 $\boldsymbol{x}$ 的特征列向量。同理，可以求出样本 $\boldsymbol{y}$ 映射后 $\boldsymbol{\Psi}(\boldsymbol{y})$ 在基向量 $\boldsymbol{w}_{\Psi,y}^{k}$ 上的投影列向量 $\boldsymbol{s}_{y}=(\boldsymbol{s}_{y}^{1},\ \cdots,\ \boldsymbol{s}_{y}^{m})^{\mathrm{T}}$，由 $\boldsymbol{s}_{x}$ 和 $\boldsymbol{s}_{y}$ 组成的列向量 $\boldsymbol{s}=[\boldsymbol{s}_{x}+\boldsymbol{s}_{y}]$ 为任意样本 $\boldsymbol{x}$ 和 $\boldsymbol{y}$ 的融合特征列向量。

3.3 方法介绍

KCCA 方法可以充分利用人脸和人耳两种生物特征的信息互补性和相关性，将人脸和人耳生物特征有效融合，获得人脸和人耳融合特征向量，然后利用有效的分类器进行分类识别。本章提出基于 KCCA 方法的人脸人耳多模态识别方法[22]，具体流程如图 3.1 所示。

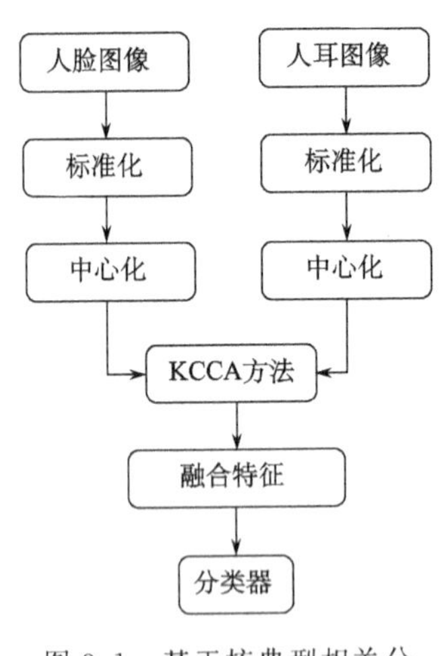

图 3.1 基于核典型相关分析的人脸人耳多模态识别

由于人脸和人耳生物特征原始数据具有不同的数量级，直接利用 KCCA 方法在数据层进行融合会导致融合时信息的损失。这是因为当一个很大的数和一个很小的数进行算术运算时，这个很小的数的作用就会显得微不足道了，所以在数据融合之前需要对数据进行标准化处理。此外，为了满足 KCCA 方法均值为零的假设条件，需要对原始人脸和人耳数据集进行中心化处理。下面详细介绍本章提出的基于 KCCA 方法的人脸人耳多模态识别方法。

3.3.1 融合前的预处理

1）标准化

如前所述，由于参与融合的人脸和人耳两组数据集（假设人脸为 x，人耳为

y）可能存在量纲选择的不同或各个分量差异较大，不利于相关特征的抽取。为了消除其在数值上或量纲上的非均衡性带来的不利影响，在特征组合之前可先对人脸和人耳两组数据集分别做标准化处理[23]，即

$$\boldsymbol{x}^* = \frac{\boldsymbol{x} - \boldsymbol{\mu}_x}{\sigma_x}, \quad \boldsymbol{y}^* = \frac{\boldsymbol{y} - \boldsymbol{\mu}_y}{\sigma_y} \tag{3.30}$$

式中，$\boldsymbol{\mu}_x = \boldsymbol{E}(\boldsymbol{x})$ 与 $\boldsymbol{\mu}_y = \boldsymbol{E}(\boldsymbol{y})$ 分别为人脸和人耳数据集的均值向量；σ_x 与 σ_y 分别为它们的标准差向量在各个分量上的数值。

2）中心化

KCCA 方法实际上是对映射后的数据集使用传统的 CCA 方法，然而在映射后的高维空间 $\boldsymbol{F}_x$ 和 $\boldsymbol{F}_y$ 中，很难保证满足 CCA 方法的假设条件 $\sum_{i=1}^{n} \boldsymbol{\Phi}(\boldsymbol{x}_i) = 0$ 和 $\sum_{i=1}^{n} \boldsymbol{\Psi}(\boldsymbol{y}_i) = 0$，但是对于任意 $\boldsymbol{\Phi}$ 和一组样本 $\boldsymbol{x}_1$，…，$\boldsymbol{x}_n$，$\widetilde{\boldsymbol{\Phi}}(\boldsymbol{x}_i) = \boldsymbol{\Phi}(\boldsymbol{x}_i) - (1/n) \sum_{i=1}^{n} \boldsymbol{\Phi}(\boldsymbol{x}_i)$ 却满足上述假设条件。因此定义映射后特征空间核函数 $\widetilde{K_{ij}} = (\widetilde{\boldsymbol{\Phi}}(\boldsymbol{x}_i), \widetilde{\boldsymbol{\Phi}}(\boldsymbol{x}_j))$，$\boldsymbol{I}_{ij} = 1$，$(\boldsymbol{I}_n)_{ij} = 1/n$，则有

$$\begin{aligned} \widetilde{K}_{ij} &= \left\{ \left[\boldsymbol{\Phi}(\boldsymbol{x}_i) - \frac{1}{n} \sum_{p=1}^{n} \boldsymbol{\Phi}(\boldsymbol{x}_p) \right] \left[\boldsymbol{\Phi}(\boldsymbol{x}_j) - \frac{1}{n} \sum_{q=1}^{n} \boldsymbol{\Phi}(\boldsymbol{x}_q) \right] \right\} \\ &= K_{ij} - \frac{1}{n} \sum_{p=1}^{n} I_{ip} K_{pj} - \frac{1}{n} \sum_{q=1}^{n} K_{iq} I_{qj} + \frac{1}{n^2} \sum_{p,\, q=1}^{n} I_{ip} K_{pq} I_{qj} \\ &= (\boldsymbol{K} - \boldsymbol{I}_m \boldsymbol{K} - \boldsymbol{K} \boldsymbol{I}_m + \boldsymbol{I}_m \boldsymbol{K} \boldsymbol{I}_m)_{ij} \end{aligned} \tag{3.31}$$

式中，$\boldsymbol{K}$ 为原始数据集未经映射的核函数。同理，对 $\boldsymbol{\Psi}$ 和样本 $\boldsymbol{y}_1$，…，$\boldsymbol{y}_n$ 也要进行中心化预处理。

3.3.2　人脸与人耳的信息融合

用样本 $\boldsymbol{x}_1$，…，$\boldsymbol{x}_n$ 表示人脸图像数据集，样本 $\boldsymbol{y}_1$，…，$\boldsymbol{y}_n$ 表示人耳图像数据集。利用上述标准化和中心化方法处理后，获得满足 KCCA 方法假设条件的两组数据集，然后通过 KCCA 方法得到人脸和人耳的融合特征列向量 $\boldsymbol{s}$，最后用分类器分类识别。

3.3.3　分类器设计

本章选用最近邻分类器进行实验。令 $\boldsymbol{D}^n=\{\boldsymbol{x}_1, \cdots, \boldsymbol{x}_n\}$，$\boldsymbol{x}_i$ 为 $\boldsymbol{D}^n$ 中已知的第 i 类样本。对于测试样本点 $\boldsymbol{x}$，如果距离其最近的 $\boldsymbol{D}^n$ 中的点为 $\boldsymbol{x}'$，那么按照“最近邻规则”的分类方法，就应该把点 $\boldsymbol{x}$ 归为 $\boldsymbol{x}'$所属的类别。在设计最近邻分类器时，需要一个衡量模式（样本）之间距离的度量函数，但是有很多种距离度量方式，如 Minkowski 距离、Tanimoto 距离、切空间距离等。本章使用欧几里得距离函数[24]：

$$d=\min\sqrt{(\boldsymbol{x}-\boldsymbol{x}_i)(\boldsymbol{x}-\boldsymbol{x}_i)^T}, \quad x_i\in\boldsymbol{D}^n \tag{3.32}$$

式中，$\boldsymbol{x}$ 为待测试样本的特征向量；$\boldsymbol{x}_i$ 为所有训练样本的特征向量，将 $\boldsymbol{x}$ 归为与之距离最近的 $\boldsymbol{x}_i$ 类。

3.4　实验与讨论

3.4.1　实验设计

实验采用北京科技大学建立的图像库[25]中的图像，共 79 人。选用了正侧面 0°，向右旋转 5°、20°、35°和 45°等五种姿态情况，每种情况拍摄两幅图像，且人脸和人耳由同一姿态下的同一幅图像分割得到，如图 3.2 所示。

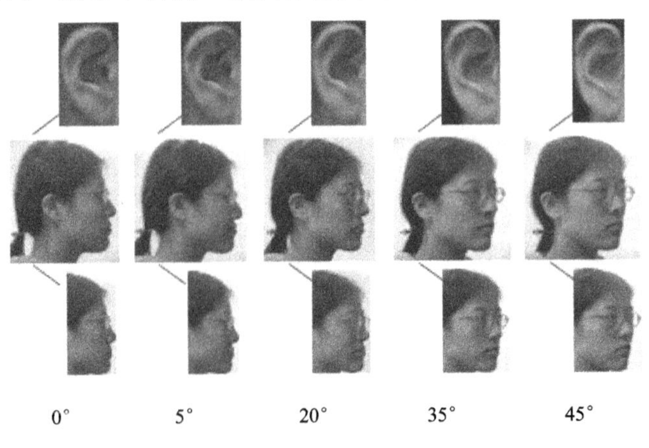

图 3.2　图像库中人脸人耳图像实例

实验过程中将侧面（0°）人脸和正侧面（0°）人耳图像（79×2=158 幅）利用 CCA 方法和 KCCA 方法训练，找到相关性最大的投影方向。然后将 5°、20°、35°和 45°的人耳和人脸图像（共 79×2×4=632 幅）分别进行测试，并用最近邻方法进行分类识别。

3.4.2 实验步骤

KCCA 方法具体实验步骤如下（为了叙述方便，这里仅以 5°的人脸和人耳图像为例进行说明，20°、35°和 45°方法相同）。

第一步：将 79 人的侧面（0°）人脸图像组成数据集 $\boldsymbol{A}_{\text{face}}^{F}=(\boldsymbol{x}_{11},\boldsymbol{x}_{12},\cdots,\boldsymbol{x}_{n1},\boldsymbol{x}_{n2})$。其中，$\boldsymbol{x}_{i1}$，$\boldsymbol{x}_{i2}$（$i=1,\cdots,79$）分别为第 i 个人的两幅图像，且均为列向量，由每幅图像中第一列像素至最后一列像素首尾相接组成；F 代表 0°，也就是没有姿态角度的图像。同理，这 79 人的 5°人脸图像、正侧面（0°）人耳图像和 5°人耳图像可以分别组成数据集 $\boldsymbol{A}_{\text{face}}^{P}$、$\boldsymbol{A}_{\text{ear}}^{F}$、$\boldsymbol{A}_{\text{ear}}^{P}$，$\boldsymbol{P}$ 代表有姿态角度的图像。

第二步：将 $\boldsymbol{A}_{\text{face}}^{F}$、$\boldsymbol{A}_{\text{face}}^{P}$、$\boldsymbol{A}_{\text{ear}}^{F}$ 和 $\boldsymbol{A}_{\text{ear}}^{P}$ 利用式（3.30）进行融合前的标准化预处理，分别用 $(\boldsymbol{A}_{\text{face}}^{P})'$、$(\boldsymbol{A}_{\text{face}}^{F})'$、$(\boldsymbol{A}_{\text{ear}}^{F})'$ 和 $(\boldsymbol{A}_{\text{ear}}^{P})'$ 表示，再选用合适的核函数类型，求得核函数 $\boldsymbol{K}_{\text{ear}}^{F}$、$\boldsymbol{K}_{\text{ear}}^{P}$、$\boldsymbol{K}_{\text{face}}^{F}$、$\boldsymbol{K}_{\text{face}}^{P}$，并利用式（3.31）进行中心化预处理，分别得到 $\widetilde{\boldsymbol{K}}_{\text{face}}^{F}$、$\widetilde{\boldsymbol{K}}_{\text{face}}^{P}$、$\widetilde{\boldsymbol{K}}_{\text{ear}}^{F}$、$\widetilde{\boldsymbol{K}}_{\text{ear}}^{P}$。

第三步：将 $\widetilde{\boldsymbol{K}}_{\text{face}}^{F}$ 和 $\widetilde{\boldsymbol{K}}_{\text{ear}}^{F}$ 利用式（3.28）求出 $\boldsymbol{\alpha}_k$ 和 $\boldsymbol{\beta}_k$，并利用式（3.29）求出融合特征集 $\boldsymbol{S}^{F}$（0°），将 $\widetilde{\boldsymbol{K}}_{\text{face}}^{P}$ 和 $\widetilde{\boldsymbol{K}}_{\text{ear}}^{P}$ 利用已经求得的 $\boldsymbol{\alpha}_k$ 和 $\boldsymbol{\beta}_k$ 及式（3.29）求出融合特征集 $\boldsymbol{S}^{P}$（5°），最后利用最近邻方法进行分类识别。

3.4.3 实验结果与分析

1）单生物特征识别率比较

实验过程中需要将人脸图像和人耳图像分别归一化为统一的像素，原人脸图像平均大小为 392×228 像素，人耳图像平均大小为 116×62 像素。由于图像比较大（尤其是人脸图像），所以计算时间过长。可否将图像分辨率缩小以节约运算时间是一个值得研究的问题。为此，综合考虑人脸和人耳图像的识别率和运算

时间两方面情况，分别采用PCA[26]和KPCA[27]两种方法对上述人脸人耳图像库进行实验。两种方法均选用了158个基向量，KPCA的核函数选用了Gaussian核函数，也就是径向基核函数，即$k(\boldsymbol{x}_i, \boldsymbol{x}_j)=\exp\left(-\frac{\|\boldsymbol{x}_i-\boldsymbol{x}_j\|^2}{2\sigma^2}\right)$。具体实验结果如表3.1和表3.2所示。

表3.1　不同分辨率的人脸识别率比较　　(单位：%)

方法	5°	20°	35°	45°	平均时间
PCA+392×228	内存空间不足（512MB内存）				
PCA+204×118	24.05	10.76	6.33	8.86	117s
PCA+102×60	24.05	10.13	6.33	8.86	66s
PCA+51×30	22.78	8.86	5.70	9.49	50s
KPCA+392×228	39.24	13.92	8.23	14.56	620s
KPCA+204×118	39.24	13.92	8.23	15.19	169s
KPCA+102×60	38.61	13.29	8.23	15.19	56s
KPCA+51×30	36.71	13.29	6.96	15.19	49s

表3.2　不同分辨率的人耳识别率比较　　(单位：%)

方法	5°	20°	35°	45°	平均时间
PCA+116×62	84.18	21.52	8.86	4.43	15s
PCA+58×31	84.81	21.52	8.86	4.43	14s
KPCA+116×62	98.10	81.01	41.77	25.32	27s
KPCA+58×31	98.10	82.58	43.04	24.68	15s

由表3.1和表3.2的数据可以看出以下几点。

(1) 随着分辨率的减小，识别率略有降低，但是幅度不大，计算时间却大幅度减少。因此为了节约时间，可以在允许的识别率范围内降低图像分辨率的大小。本章后续实验在综合考虑识别率和运算时间的情况下，取人脸图像归一化后的分辨率为51×30像素，人耳图像为58×31像素。

(2) 无论人脸还是人耳，KPCA方法的识别率都要高于PCA方法。这是因为PCA方法提取特征时只考虑了图像数据中的二阶统计信息，而KPCA方法能够充分考虑输入数据的高阶非线性统计信息，所以能够取得更好的识别效果。

(3) 不管使用何种方法，识别率都会随着人头图像旋转角度的增加而降低。人脸在旋转 45°时识别率之所以会提高，是因为随着角度的增加，人脸信息也不断增加。这说明决定识别率高低的因素中包含有两个重要的因素：一是测试图像与训练图像的相似性；二是测试图像自身所包含的信息量。对于人耳图像来说，由于用正侧面（0°）图像做训练，用带有姿态的图像做测试，随着角度的增加，测试图像与训练图像之间的相似性越来越小，测试图像本身所包含的信息量也随着角度的增加在逐渐减少，导致人耳识别率一直在逐渐降低。对于人脸图像来说，由于用侧面人脸（0°）图像做训练，用带有姿态的图像做测试，随着角度的增加，测试图像与训练图像之间的相似性逐渐减小，但人脸图像自身所包含的信息却在不断增加，导致人脸识别率先逐渐减少，后又反弹增加。

另外，表 3.1 和表 3.2 显示出人脸识别率普遍较低，主要有两个原因：人脸图像存在严重的遮挡和表情变化，经过统计，79 人中有 42 人戴眼镜，7 人严重表情变化，24 人轻微表情变化，但只有 2 人戴耳环；人耳识别是用信息最丰富的正侧面人耳做训练，而人脸识别是用信息最贫乏的侧面人脸做训练，因此人脸的识别结果远不如人耳。

2) 多模态方法识别率比较

为了测试多模态方法的效果，本章用 CCA[18] 和 KCCA[28] 两种方法对人脸和人耳数据集进行融合。使用 CCA 方法时，对原始数据集进行了标准化预处理；使用 KCCA 方法时，对原始数据集进行了标准化和中心化预处理。两种方法均选用了 158 个基向量，KCCA 的核函数也选用了 Gaussian 核函数，为了验证 KCCA 方法的有效性，实验中除使用上述姿态角度的图像外，还选用了图像库中 10°、15°、25°和 30°的人脸和人耳图像，实验结果如图 3.3 所示。

从图 3.3 中可以看出，当采用 CCA 方法时，如果单生物特征数据集的质量相差悬殊，就会在很大程度上影响最终的融合识别结果。如在 5°、20°和 35°时，人耳和人脸识别率差异超过 37%，导致融合后均略差于单独测试人耳时的识别率，但却明显高于单独测试人脸时的识别率。而在 10°、15°、25°、30°和 45°时，虽然两者识别率都不理想，但是由于相差较小，所以融合后结果要比单独测试时

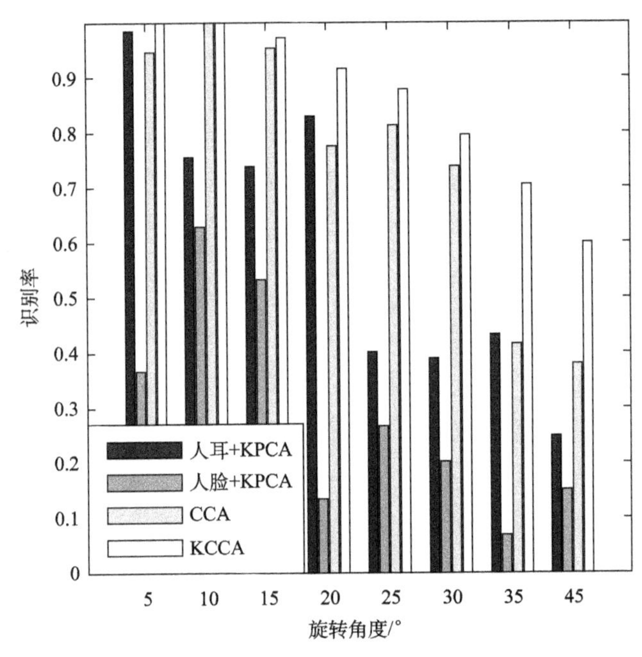

图 3.3　单生物特征与多生物特征识别率比较

好。如 45°时，由于两者识别率相差只有 10%，所以融合后识别结果达到了 38%，明显高于单独测试人脸和人耳时的识别率（分别为 15%和 25%）。从信号原理的角度来解释这种现象，是由于两种数据源如果质量相差过于悬殊，其中一种数据对另一种数据不但不会起到补充信息量的作用，反而会像噪声干扰源一样严重影响另一种数据的识别结果。而采用 KCCA 方法时，识别结果却不受两种数据集质量悬殊的影响，融合后识别率明显高于单生物特征，尤其在大角度姿态旋转下优势更加明显（45°时可达到 60%）。

3）计算量比较

本章还以时间为度量指标，比较了 PCA、KPCA、CCA 和 KCCA 等方法的计算量大小，具体结果如表 3.3 所示。

表 3.3　各种方法计算量比较　(单位：s)

方法	5°	20°	35°	45°
人耳＋PCA	14	13	13	14
人耳＋KPCA	18	12	12	13
人脸＋PCA	46	49	49	56
人脸＋KPCA	44	47	50	56
CCA	397	421	431	440
KCCA	58	61	62	68

从表 3.3 显示的数据可以看出，对于单生物特征来说，PCA 和 KPCA 两种方法所用的时间相差无几，但由于人脸比人耳信息丰富，所以使用的时间比人耳长；由于 CCA 和 KCCA 方法同时计算两种生物特征，所以使用的时间比单生物特征长，其中 CCA 方法使用的时间是单生物特征的 9～35 倍。本章提出的方法在识别率最优的情况下最多比人脸多用 14s，可见其计算量可以达到令人满意的结果。

3.5　本章小结

本章提出用 KCCA 方法对带有姿态的人脸和人耳两种生物特征在数据层进行融合，试图利用其在生理位置上特殊的位置关系缓解姿态问题所带来的严重影响，并用标准化和中心化两种方法对人脸和人耳数据集进行预处理。实验结果表明，为了降低运算成本，可以将图像分辨率适当减小，以便在允许的识别率范围内节约运行时间，提高识别效率；无论人耳识别，还是人脸识别，基于核的方法的识别率都要高于非基于核的同种方法，如 KPCA 方法要高于 PCA 方法，KCCA 方法要高于 CCA 方法。这是因为非基于核的方法提取特征时只考虑了图像数据中的二阶统计信息，而基于核的方法能够充分考虑输入数据的高阶非线性统计信息，所以能够取得更好的识别效果；决定人脸识别和人耳识别的识别率因素中包含两个重要因素：一是测试图像与训练图像的相似性；二是测试图像自身所包含的信息量；KCCA 方法可以在耗时少的情况下有效地克服姿态对人脸和人耳识别的剧烈影响，且识别结果几乎不受两种原始数据集质量的影响，尤其在大角度姿态变化下效果更加明显。

参考文献

[1] Hotelling H. Relations between two sets of variates. Biometrika，1936，(28)：321-377.

[2] Loog M，van Ginneken B，Duin R P W. Dimensionality reduction of image features using the canonical contextual correlation projection. Pattern Recognition，2005，38：2409-2418.

[3] Kukharev G，Kamenskaya E. Application of two-dimensional canonical correlation analysis for face image processing and recognition. Pattern Recognition and Image Analysis，2010，20(2)：210-219.

[4] Zhang C，Zhang H B. Exposing digital image forgeries by using canonical correlation analysis. International Conference on Pattern Recognition，Istanbul，2010：838-841.

[5] Hardoon D R，Szedmak S，Shawe-Taylor J. Canonical correlation analysis：An overview with application to learning methods. Neural Computation，2004，16：2639-2664.

[6] Reiter M，Donner R，Langs G，et al. 3D and infrared face reconstruction from RGB data using canonical correlation analysis. International Conference on Pattern Recognition，Hong Kong，2006：425-428.

[7] Shariat S，Pavlovic V. Isotonic CCA for sequence alignment and activity recognition. 2011 International Conference on Computer Vision，Barcelona，2011：2572-2578.

[8] Jing X Y，Li S，Lan C，et al. Color image canonical correlation analysis for face feature extraction and recognition. Signal Processing，2011，91 (8)：2132-2140.

[9] Huang D，Ardabilian M，Wang Y H，et al. Asymmetric 3D/2D face recognition based on LBP facial representation and canonical correlation analysis. IEEE International Conference on Image Processing，Cairo，2009：3325-3328.

[10] Benes R，Karasek J，Burget R，et al. Automatically designed machine vision system for the localization of CCA transverse section in ultrasound images. Computer Methods and Programs in Biomedicine，2013，109 (1)：92-103.

[11] Kidron E，Schechner Y Y，Elad M. Pixels that sound. IEEE Computer Society Conference on Computer Vision and Pattern Recognition，San Diego，2005：88-95.

[12] Ogawa T，Haseyama M. Adaptive reconstruction method of missing textures based on kernel canonical correlation analysis. IEEE International Conference on Acoustics，Speech，and

Signal Processing, Taipei, 2009: 1165-1168.

[13] Abraham B, Merola G. Dimensionality reduction approach to multivariate prediction. Computational Statistics & Data Analysis, 2005, 48: 5-16.

[14] Yakhnenko O, Honavar V. Multiple label prediction for image annotation with multiple kernel correlation models. IEEE Conference on Computer Vision and Pattern Recognition, Miami, 2009: 8-15.

[15] Yamanishi Y, Vert J P, Nakaya A, et al. Extraction of correlated gene clusters from multiple genomic data by generalized kernel canonical correlation analysis. Bioinformatics, 2003, 19: 323-330.

[16] Donner R, Reiter M, Langs G, et al. Fast active appearance model search using canonical correlation analysis. IEEE Transactions on Pattern Analysis and Machine Intelligence, 2006, 28 (10): 1690-1694.

[17] 孙权森，曾生根，王平安，等. 典型相关分析的理论及其在特征融合中的应用. 计算机学报，2005，28 (9): 1524-1533.

[18] Sun T K, Chen S C. Locality preserving CCA with applications to data visualization and pose estimation. Image and Vision Computing, 2007, (25): 531-543.

[19] Alzate C, Suykens J. A regularized kernel CCA contrast function for ICA. Neural Networks, 2008, 21 (2-3): 170-181.

[20] Gou Z K, Fyfe C. A canonical correlation neural network for multicollinearity and functional data. Neural Networks, 2004, 17: 285-293.

[21] Kim T K, Kittler J. Locally linear discriminant analysis for multimodally distributed classes for face recognition with a single model image. IEEE Transactions on Pattern Analysis and Machine Intelligence, 2005, 27: 318-327.

[22] 王瑜，穆志纯，徐正光. 基于核典型相关分析的姿态人耳、人脸多模态识别. 北京科技大学学报，2008，30 (10): 1200-1204.

[23] 孙权森，曾生根，杨茂龙，等. 基于典型相关分析的组合特征抽取及脸像鉴别. 计算机研究与发展，2005，42 (4): 614-621.

[24] Duda O R, Hart E P, Stork G D. 模式分类. 北京：机械工业出版社，2003: 146, 153-158.

[25] Yuan L, Mu Z C, Xu Z G. Using ear biometrics for personal recognition. International Workshop on Biometric Recognition Systems (IWBRS), Beijing, 2005: 221-228.

[26] Feng G C, Yuen P C, Dai D O. Human face recognition using PCA on wavelet subband.

Journal of Electronic Imaging，2000，9（2）：226-233.

[27] Xu Y，Zhang D，Song F X，et al. A method for speeding up feature extraction based on KPCA. Neurocomputing，2007，70（4-6）：1056-1061.

[28] Huang S Y，Lee M H，Hsiao C K. Nonlinear measures of association with kernel canonical correlation analysis and applications. Statistical Planning and Inference，2009，139（7）：2162-2174.

第 4 章　基于局部二值模式纹理分析的人脸人耳多模态识别

剧烈的姿态变化会造成人脸或人耳形状的畸变、失真和其自身遮挡，进而引起信息上的不准确与不完备。众所周知，如果一幅图像发生了畸变或者失真，那么该图像宏观整体的形变量要远大于其微观基元的形变量。如图 4.1 所示，图中整体形变量 ΔL 要远大于基元形变量 $\Delta L'$。鉴于此，在发生姿态变化的情况下，从局部或者微观的角度来考虑问题更加有助于获得理想的结果。纹理分析方法是从分析图像的纹理细节入手，将局部微观的纹理属性作为判别性信息，用来区分图像的差异和类别。

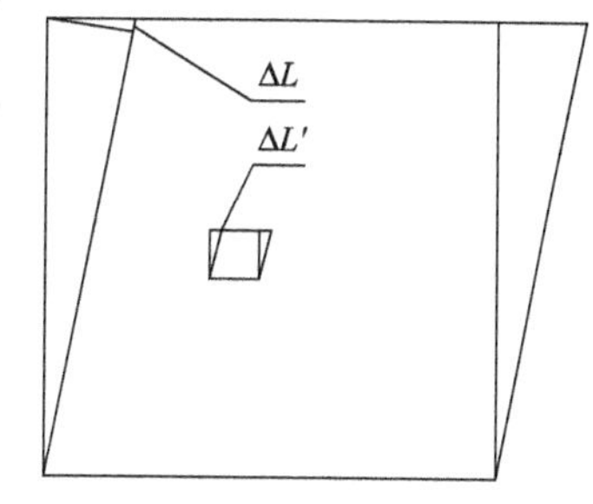

图 4.1　形变量比较

在纹理分析方法中，局部二值模式反映图像的局部结构特征，由纹理基元和基元的排列组合两个要素组成。该方法比基于全局特征的模式分类方法更加关注图像的细节信息，符合人类的视觉特点，因此也更有助于克服姿态变化对图像所带来的影响。

此外，由于图像的几何特征对于姿态的变化极其敏感，而代数特征的获取又往往以统计学理论为研究背景，所以小样本问题无法从本质上得到有效解决，只能通过 SVM 等适合解决小样本问题的分类方法间接地改善。而基于局部二值模式的纹理描述子分析方法是一种结合随机和结构的方法，不完全以统计学理论为研究背景，更适合从本质上解决小样本问题。因此，本章从局部二值模式纹理分析方法入手，融合人脸和人耳两种生物特征，尝试克服单独使用人脸或人耳进行识别时由姿态问题所带来的不利影响。

4.1 纹理分析的概念与优势

4.1.1 纹理的概念

纹理可以被广泛地定义为物体的视觉或触觉的表面特征和表观[1]，它既可以由类似于沙子、石子、树皮等非常细小的元素组成，也可以由类似于银河系中恒星、行星等巨大的元素组成，有时甚至可以将物体单一的表面经形状、光照、阴影、吸收和反射等变化形成的结果看成纹理的一种表现形式。如果从适当的距离观察，任何事物都可以表现为一种纹理。能够认识到“纹理区域通过不同的距离和不同的视角观察可以给出不同的解释”是非常重要的[2]，一颗天空中闪耀的明星在一定距离观察时不是纹理，但是它的表面也许是纹理。

在数字图像中，通过观察得到的不同强度和颜色可以表示为纹理特征，不同的像素值提供了一种分析物体纹理属性的实际手段。但是目前还没有用数学术语定义数字纹理。Haralick 等[3]曾提到“纹理是如此难以控制以至于无法精确定义”。后来，Cross 和 Jain[4]将纹理定义简化为“我们可以将纹理看做一种随机的可能具有周期的二维图像域”。但是多年来，纹理的定义并没有更加明确，“纹理尽管没有形式上的定义，但是在计算机视觉上已经有很多应用”。[5]

由于缺乏严格的理论推导和证明，利用纹理分析问题只能通过实验的方式进行评价。然而，纹理分析已经成功应用于许多机器视觉领域。纹理根据其表现形式可以大致分为两大类：一类是随机出现的纹理，一类是确定出现的纹理。Tamura 等[6]认为，人类视觉系统识别物体时最关注的特征是线状、规则性和粗糙度。Rao 和 Lohse[7]将纹理依次分为三个正交维：重复性与非重复性、具有强对比度的非方向性与具有弱对比度的方向性、简单的粒状纹理与复杂的细密纹理。Levine[8]在基于人类视觉的多通路模型中认为，粗糙度、边缘方向性和对比度是纹理中最重要的属性。

4.1.2 纹理分析的优势

纹理分析在图像分析应用中起着非常重要的作用。尽管颜色在解释图像时非常重要，但是在很多实际应用中无法充分度量颜色信息，有时甚至无法获得。在工业视觉监督中，纹理信息可以进一步加强颜色度量的准确性。有些应用（如在纸质织物等质量控制中）根本就没有颜色信息，而纹理信息在这种情况下就显得尤为重要。图4.2（见插页）显示了一幅彩色图像及其对应的灰度图像。

从图4.2可以看出，灰度图像具有与彩色图像相同的纹理信息，唯一丢失的信息就是颜色。在现实生活中，人类视觉系统在解释自然景观时能够消除色差带来的影响（如人类可以识别出不同光照下的相同景观（白天与夜晚）），颜色只是作为一种提示更加丰富景观的内容，即使颜色信息由于盲点发生畸变，视觉系统仍然可以正常工作。这在直觉上给人的启示是，至少在视觉系统中颜色和纹理是两种分离的现象。

图4.2　彩色图像与灰度图像的纹理信息

这种将颜色和纹理信息分离的论点不仅以直觉为依据，有关视觉系统的研究已经提供的很多证据显示图像信号确实是由亮度和色度成分组成的。尽管在通道之间会有一些不重要的交互作用，但这两种成分是通过不同的通道进行处理的[9]。Poirson和Wandell[10]的心理物理研究也暗示颜色和模式信息是分开处理的。因此，利用纹理信息来识别对象可以摆脱颜色的束缚具有很大的优越性。

同时，纹理度量也能够很好地克服不同的光照带来的影响，图4.3（见插页）显示了不同光照下相同自然景观图像及其对应的灰度图像。

图 4.3　不同光照下彩色图像与灰度图像的纹理信息[11]

通过图 4.3 可以看出，在不同光照下人类视觉系统认为自然景观存在着很大的差异，但是两种光照下对应的灰度图像所包含的纹理信息却非常相似，肉眼几乎看不出有什么差异。可见，利用纹理信息来识别对象可以很好地克服光照带来的影响，这也证明纹理分析是高水平解释自然景观图像的有力工具。

鉴于上述优势，目前纹理分析的应用极其广泛，包括医学图像分析、生物特征识别、遥感技术、基于内容的图像检索、文档分析、环境建模、纹理合成和基于模型的图像译码等众多领域。

4.2　局部二值模式纹理分析原理

4.2.1　相关纹理分析方法比较

20 世纪 60 年代，纹理分析就已经成为广大研究学者的热门研究课题之一，但是其进展非常缓慢，发展的方法也只是偶尔涉及现实生活中的实际应用。简而言之，分析现实世界中的纹理是非常困难的，这主要是由自然纹理的多相性（inhomogeneity）、光照变化以及表观的可变性等不确定性因素引起的。

局部二值模式与很多纹理分析方法密切相关，并在此基础上逐渐发展。首先是灰度共生矩阵（gray-level co-occurrence matrix，GLCM）统计方法，由 Haralick 等[3]首次提出，并且仍然积极地发展着。具有代表性的 GLC 特征提取分为两个阶段：第一个阶段，利用选择的置换算子计算灰度共生矩阵，当处理图像时，所有像素对按照置换算子显示的相对位置定位。这些像素对的灰度级统计量称为二维共生矩阵，矩阵的行数和列数等于图像灰度级的数目，换句话说，共生矩阵表示灰度级对应的联合分布。由于共生矩阵收集的是像素对而非单个像素的信息，所以属于二阶统计量。第二个阶段，特征从均值化的共生矩阵中获得或通过计算不同矩阵的平均特征得到。共生矩阵可以获得图像直方图、对比度和线性等信息。例如，Conners 和 Harlow[12]从灰度共生矩阵中选择五种有效的度量方式：能量、熵、相关性、同相性（homogeneity）以及惯量。

灰度差（gray-level difference，GLD）方法与共生矩阵方法非常相似，可以提取图像关于全局光照的不变属性。此外在自然纹理中，GLD 方法的灰度差往往比绝对灰度级具有更小的可变性，这会导致分布更加紧致。Weszka 等[13]提出用均值差、熵差、对比度和角度二阶矩表示图像的纹理特征。

Valkealahti 和 Oja[14]提出了多维共生分布的方法。在这种方法中，局部近邻灰度级被引入高维分布，并将其维度用向量量化方法降维。例如，如果使用 8 个近邻，可以用灰度值的 9 维分布（包括 8 个近邻和中心像素）来代替 8 个二维共生矩阵。随后，Ojala 等[15]利用带符号的灰度差对这种方法做了改进，而局部二值模式可以看做多维带符号灰度差方法的一个特例，并且不需要使用向量量化方法。

20 世纪 90 年代，He 和 Wang[16]引入了一种新的纹理单元（texture unit，TU）分析方法。在该模型中，纹理信息从一个 3×3 的局域近邻中搜集，并且根据中心元素的数值分为三种级别，每个近邻根据其是否低于、等于或高于中心像素值分别被标以 0、1 或 2。这样有 $3^8=6561$ 种不同的纹理单位，将这些纹理单位进行统计得到纹理特征分布，称为纹理谱（texture spectrum，TS），因此该方法简称为 TUTS 方法。

TUTS方法与基本局部二值模式方法非常相似，唯一的不同在于基本局部二值模式方法使用0和1两种级别，这种组合使纹理单元分布更加紧致，并减少了原始量化方法的影响。另外，由于TUTS方法被阈值分为三种级别，其对于灰度值的单调变化不是严格意义上恒定的。Heikkinen[17]将基本局部二值模式和TUTS分别用于金属带检测，并在研究中发现这两种方法在分类准确性上没有很大的差别，但分类速度却相差悬殊。基本局部二值模式比TUTS方法在时间上缩短了25倍，这种短特征向量的另一个优势是使用小纹理的单元表示使得统计更加可靠。Ojala等[18]对局部二值模式、GLCM和GLD以及其他一些方法做了大量的比较，并得出"经过大量的分类实验，22种局部纹理算子中，局部二值模式总体要优于其他方法并得到了最优的结果，尤其在纹理判决中表现更加突出"的结论。

N-元组（*N*-tuple）方法是由Aleksander和Stonham[19]首次提出的，并与TUTS方法非常相似，主要的不同在于TUTS考虑了每个像素的周围有8个近邻，而*N*-tuples考虑了任意*N*个近邻。Patel和Stonham[20]最先使用定向的*N*-元组算子将图像利用全局阈值转换为二值图，该方法称为二值共生纹理谱(binary texture co-occurrence spectrum，BTCS)。BTCS方法很快被Patel和Stonham[21]用于灰度图像，产生一种灰度共生纹理谱方法（gray level texture co-occurrence spectrum，GLTCS)，并利用分级译码减少特征的维数。后来，Hepplewhite和Stonham[22]利用BTCS方法将二值边缘图像转换为二值表示，该方法称为零界共生纹理谱（zero crossings texture co-occurrence spectrum，ZCTCS)。

在*N*-元组方法中，任意近邻的概念可以看做圆形局部二值模式的雏形。在BTSC方法中，二值*N*-元组与局部二值码非常相似，主要的不同在于局部二值模式的二值化过程是针对局部图像的，而*N*-元组方法则是面向全局图像的。

Julesz[23]首次提出基元（texton）的概念，并将其作为一种人类视觉纹理判决的基本单位。Julesz认为纹理由分离的二值纹理基元（binary texture primitives）组成，包括方向元素、交叉线和边界。纹理描述可以通过基元的分布来进行。

Varma和Zisserman[24]将Gabor描述子的基元作为微观纹理单位。然而，即使用最小的 Gabor 滤波器计算像素值的加权平均值也会超出基元的近邻范围，而局部二值模式分别考虑近邻中的每个像素值，这样可以提供更好的细粒度（fine-grained）信息。因此局部二值模式可以看做一种微观的基元，而 Gabor 滤波可以看做一种宏观的基元。另一个不同在于局部二值模式不需要构建专门的基元纹理库。Pietikäinen 等[25]利用 CURET 数据库[26]中的 3D 纹理比较了 Gabor 基元方法和局部二值模式方法，局部二值模式即使在一些复杂的纹理图像上也表现了很好的效果，而且大大缩短了计算时间。Sánchez-Yáñez 等[27]在基于基元纹理判决中引入协调聚类表示（coordinated clusters representation，CCR），从全局二值图提取 3×3 近邻，并用这些局部的基元分布作为纹理特征，这种思想与局部二值模式非常相似，但其主要的缺点是全局二值化。

综上所述，局部二值模式与灰度共生统计（GLC）、灰度差（GLD）、TUTS、N-元组以及基元等方法有着千丝万缕的联系，并在这些方法的基础上逐渐演变，但是在性能上却比上述方法有很大的优势，下面将详细介绍局部二值模式方法。

4.2.2 基本局部二值模式

在大多数应用中，图像分析的执行都希望占用尽量少的计算资源，尤其在视觉监督中，特征提取的速度起着至关重要的作用，描述的尺寸也必须尽可能小以便于分类。为了满足实际应用的需要，纹理算子的设计应该保证计算量少且对纹理表面的变化（主要是由非均衡的光照、不同的观察位置或阴影等引起的）具有很好的鲁棒性，对光照的改变、图像的旋转、尺度变化、不同视角，甚至仿射变换以及透视变形等都具有不变属性，同时这种不变性又不增加误判率。

局部二值模式（local binary patterns，LBP）纹理描述子通过统计图像纹理的“数量”信息，同时作为灰度不变模式的度量方式逐渐发展，其概念由 Harwood 等[28]首次提出，并被 Ojala 等[29]引入公用领域中。后来在很多比较性研究中显示，无论在速度上还是在判别分析上，LBP 纹理描述子都表现出了优良的性能。该种方法用一定的方式将统计和结构方法巧妙结合并应用于纹理分析，同时为随机的微观纹理分析和判决性的宏观纹理分析开辟了一条崭新的途径。在人类视觉系统中，LBP 纹理分析符合有关心理物理的新发现[1]，对图像的颜色度量是一种完美的补充。LBP 算子具有旋转不变性，同时支持多尺度分析，在图像分析与模式识别中是一种非常有潜力的方法。

早在 20 世纪 70 年代初期，Haralick 等[3]就已提出使用共生矩阵表示纹理特征，但用共生矩阵提取的纹理性质缺少视觉相似性。20 世纪 90 年代，在引入小波变换并建立起相应的理论框架后，Manjunath 和 Ma[30]的 Gabor 滤波方法作为一种纹理分析的技巧广泛应用。该方法结合了空间频域和局部边缘信息，因此表现了优良的性能，但是其计算量非常大，同时也很容易受到光照变化的影响。

LBP 用局部纹理模式作为纹理基元来进行纹理分析，通过刻画图像像素点邻域内灰度的变化来描述图像的纹理结构特征，然后利用纹理谱直方图对局部纹理结构进行统计，来描述图像的纹理信息。该算子的最初形式[29]是由任意一个像素点及周围的 8 个近邻点组成的，设中心像素值为阈值，每个近邻点利用阈值转换为 0 或者 1。经过阈值转换后，8 个近邻点形成一个二进制代码模式，然后将该码转换为十进制数值，并代替中心像素值，具体过程如图 4.4 所示。

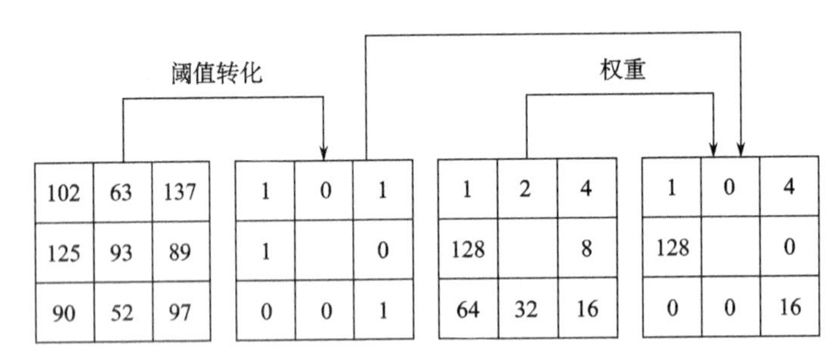

图 4.4　基本局部二值模式实例

经此种模式计算的像素点取值范围为（0，1，…，255），统计图像中各像素点的纹理模式出现的频数就可以得到纹理谱直方图。假设 $t(i, j)$ 表示图像 $N\times M$ 在像素点 $I(i, j)$ 处的纹理值，$\{S[k]\}$ $(k=0, 1, \cdots, 255)$ 表示图像的纹理谱直方图，则

$$S[k]=\frac{\sum_{i=0}^{M-1}\sum_{j=0}^{N-1}f(i,\ j)}{M\times N} \tag{4.1}$$

式中，$f(i,\ j)=\begin{cases}1, & t(i,\ j)=k \\ 0, & \text{其他}\end{cases}$；$N$ 和 M 分别为图像的行数和列数。显而易见，$S[k]$ 为模式 k 在图像域中出现频次的概率，且 $\sum_{i=0}^{255}S[k]=1$。局部二值模式有效地结合了结构方法和统计方法，用纹理模式表示纹理的微小结构，并用直方图表示这种微小结构的分布统计。

另一个有价值的图像表示信息为对比度 C，计算方法为

$$C=\mu_{\mathrm{A}}-\mu_{\mathrm{B}} \tag{4.2}$$

$$\mu_{\mathrm{A}}=\frac{\sum g_i}{i}$$

$$\mu_{\mathrm{B}}=\frac{\sum g_j}{j}$$

式中，μ_{A} 和 μ_{B} 分别为大于中心像素值的近邻点的平均值和小于中心像素值的近邻点的平均值；i 和 j 分别为对应大于或者小于中心像素值的近邻点的个数。有些文献[29]将 LBP/C 作为统计图像纹理谱特征的依据，并用于图像识别与分类。

下面以人耳图像为例，简单描述提取纹理谱直方图特征的过程。人耳图像如图 4.5 所示，为 143×80 像素值。该图像的像素值如图 4.6 所示。

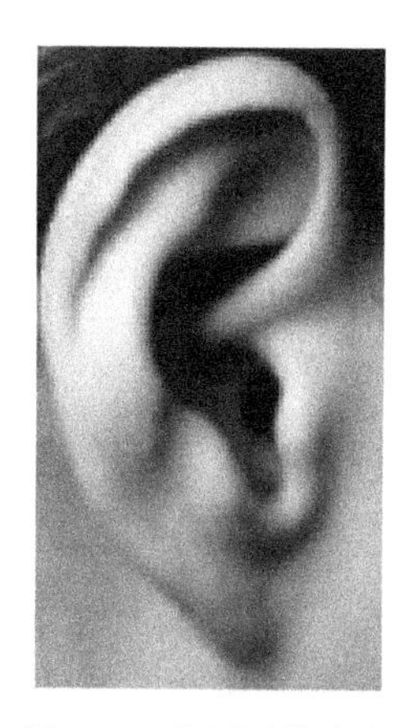

图 4.5　人耳图像实例

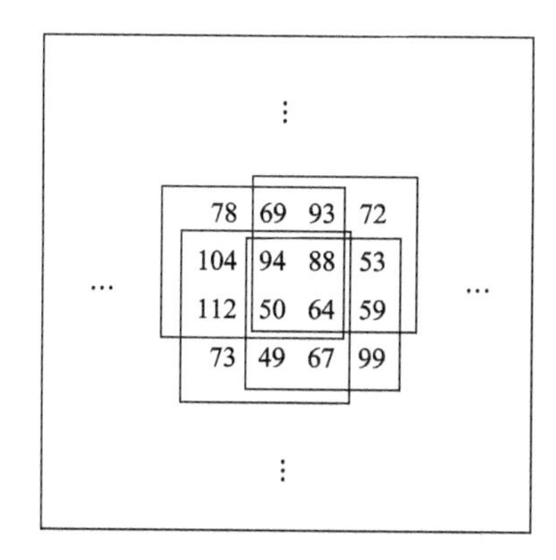

图 4.6　人耳图像像素值表示

该图中每一个 3×3 矩阵都可以计算一个局部二值模式数值，如图 4.7 所示。

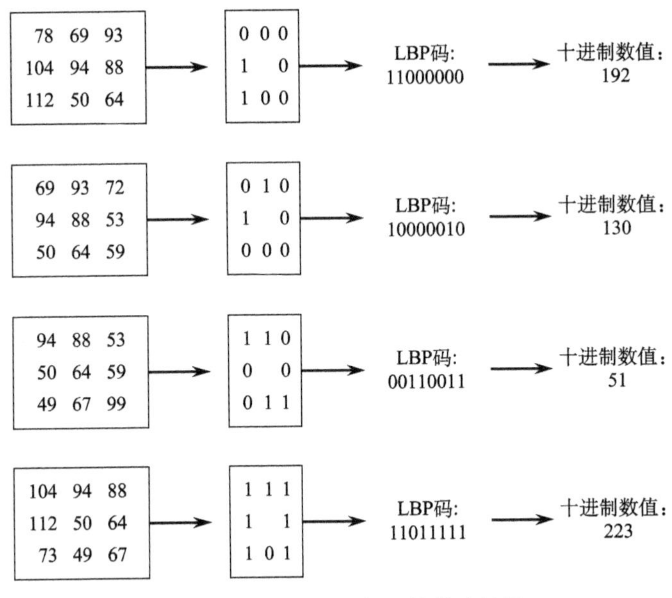

图 4.7　人耳图像局部二值模式计算

用计算得到的数值代替每一个中心像素值，如图 4.8 所示。

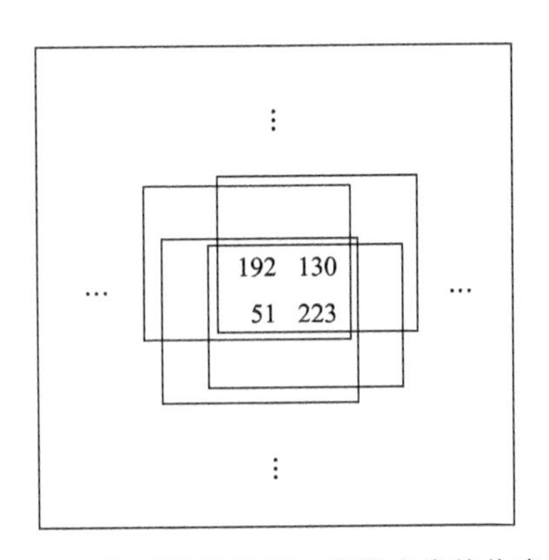

图 4.8　人耳图像局部二值模式代替像素值

最后按照式（4.1）统计每一种模式出现的频次，就可以得到人耳图像的纹理谱直方图，如图 4.9 所示，作为该人耳图像的纹理特征进行分类识别。

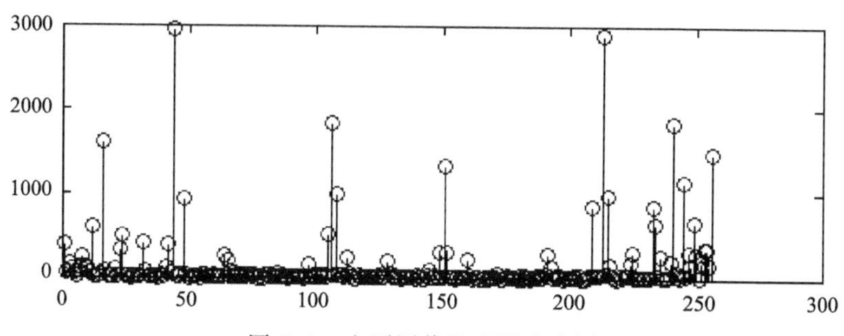

图 4.9　人耳图像纹理谱直方图

4.2.3　圆形局部二值模式

Ojala 等[15]将描述子变形为一种更加灵活多样的圆形模式，可以具有任意半径和任意近邻点。图 4.10 给出了两种不同近邻点个数和半径长度的局部二值纹理模式实例。

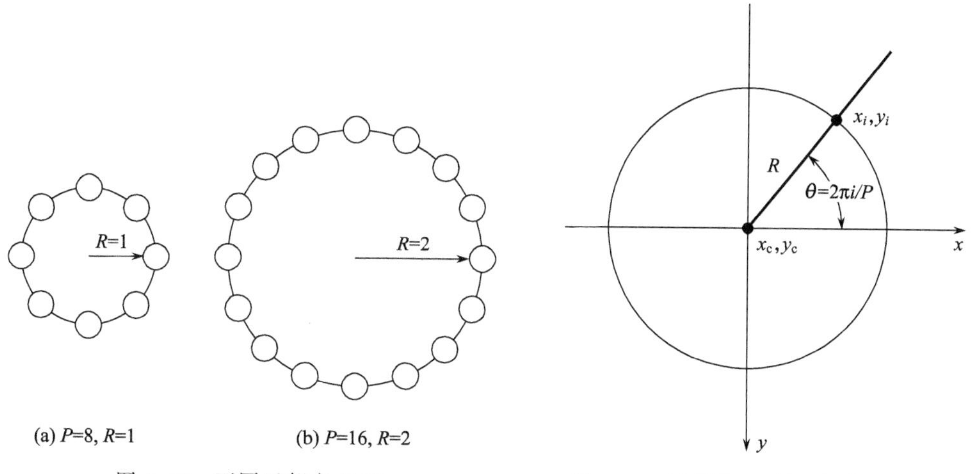

图 4.10　不同近邻点 P 和半径 R 的局部二值纹理模式实例

图 4.11　近邻点 g_i 的坐标位置示意图

具体推导过程如下[1]。

首先定义灰度图像局部邻域内的纹理 $\boldsymbol{T}$ 为 $P+1$（$P>0$）个像素值的灰度级的联合分布为

$$\boldsymbol{T}=t(g_c, g_1, \cdots, g_P) \tag{4.3}$$

式中，g_c 表示局部邻域内中心像素的像素值；$g_i(i=1, \cdots, P)$表示以R 为半径的圆上等间隔的P 个像素的像素值。在数字图像域中，近邻点 g_i 的坐标位置(x_i, y_i)可以使用图 4.11 为参考依据，并利用公式 $[x_c+R\cos(2\pi i/P), y_c-R\sin(2\pi i/P)]$ 计算得到，这里(x_c, y_c)为中心像素的坐标值。当近邻位置不在像素点上时，像素值利用双直线插补计算得到。

如果用近邻点的像素值减去中心点的像素值，局部纹理在不损失信息的条件下可以表示为中心像素和差值的联合分布为

$$\boldsymbol{T}=t(g_c, g_1-g_c, \cdots, g_P-g_c) \tag{4.4}$$

假设这些差值和 g_c 是相互独立的，联合分布可以分解为

$$\boldsymbol{T}\approx t(g_c)t(g_1-g_c, \cdots, g_P-g_c) \tag{4.5}$$

实际上，这种独立性假设并不一定满足。因为当数字图像中非常大或非常小的像素值作为中心值 g_c 时，将明显缩小差异值的可能范围，然而接受允许范围内的少量信息损失可以换取有关灰度级变化的恒量，或者关于灰度级差异的分布，所以这种处理是值得的。

P 维差异分布记录了邻域内的每一个像素不同纹理模式的出现情况。对于恒定的或变化缓慢的区域，这种差异聚类接近于零。但是如果是一个点，所有的差异都会非常大，在边缘某个方向上的差异要比其他方向上的大。

因为原始中心像素点的分布 $t(g_c)$只是描述图像的全局光照情况，与局部图像纹理没有太直接的关系，对纹理分析并没有提供有用的信息。因此在原始联合分布式（4.4）中，有关纹理特征的大部分信息都被保留在如下的联合差异分布中，即

$$\boldsymbol{T}\approx t(g_1-g_c, \cdots, g_P-g_c) \tag{4.6}$$

尽管利用近邻点与中心像素的差异可以获得关于灰度级变化的分布，但是会受到尺度的影响。也就是说，式（4.6）虽然表示了每一个纹理基元周围像素值对于中心像素值的灰度级变化，但是这种变化的尺度是没有办法固定的。如都比中心像素值大，有的可能只大 7 个灰度级，而有的可能大 70 个灰度级。为了获得关于灰度级尺度的任何单调变换的恒量，将式（4.6）转化为

$$\boldsymbol{T}\approx t(s(g_1-g_c), \cdots, s(g_P-g_c)) \tag{4.7}$$

式中，$s(x)=\begin{cases}1, & x\geqslant 0\\ 0, & x<0\end{cases}$ 表示符号函数。

经过式（4.7）的转化后，将二进制权值 2^p 分配给每一个符号函数 $s(g_P-g_c)$，将邻域内的差异转变成唯一的 LBP 代码。这种代码将局部图像纹理特征以 (x_c, y_c) 为中心表示为

$$\mathrm{LBP}_{P,R}(x_c, y_c)=\sum_{P=0}^{P-1} s(g_P-g_c)2^P \tag{4.8}$$

事实上，式（4.8）意味着将近邻内差异的信息用 P 位二进制数表示，导致有 2^P 种不同的 LBP 代码值。也就是说，局部灰度分布或者纹理信息可以使用 2^P 种 LBP 代码的离散分布来描述，即

$$\boldsymbol{T}\approx t(\mathrm{LBP}_{P,R}(x_c, y_c)) \tag{4.9}$$

假设给出一幅 $N\times M$ 的图像样本（$x_c\in\{0, \cdots, N-1\}$，$y_c\in\{0, \cdots, M-1\}$）。在计算图像的 $\mathrm{LBP}_{P,R}$ 分布（特征向量）时，由于图像边界无法作为中心值计算 LBP 代码，所以只有图像的中心部分能计算 LBP 码，将这种代码的分布作为特征向量，即

$$\boldsymbol{S}=t(\mathrm{LBP}_{P,R}(x, y)),\ x\in\{R, \cdots, N-1-R\} \tag{4.10}$$
$$y\in\{R, \cdots, M-1-R\}$$

这种原形的局部二值模式纹理描述子 $\mathrm{LBP}_{P,R}$ 与原始 LBP（见 4.2.2 节）非常相似，但是有两点不同：第一，圆形的近邻点更容易推导出旋转不变量纹理描述子；第二，对于 8 个近邻点，R 为 1 的局部二值模式 $\mathrm{LBP}_{8,1}$，其 3×3 阶对角线上的像素是由插值法得到的。

通过这种方式进行处理后，无论近邻点的像素值比中心像素值相差多少，其局部二值模式的形式是相同的，不会随着近邻点与中心点像素值差异的变化而改变。这种恒定的属性也是 LBP 对光照不敏感的主要原因之一。

这种原形结构的 LBP 纹理描述子的设计，可以很灵活地改变描述子的近邻点个数和半径长度，如图 4.10 所示，使多尺度提取图像纹理特征成为可能。

4.2.4　旋转不变量局部二值模式

由于将方形的 LBP 纹理描述子转变为圆形形式，所以 LBP 码对于图像域旋转

具有不变属性。然而这里的“旋转不变量”不是指对光源和目标对象的相对位置改变而引起的纹理差异具有不变性，也不是指对数字化影响引起的赝影具有不变性。

在推导旋转不变量时，假设每个像素都是一个旋转中心。旋转不变量 LBP 推导过程如下[1]。当图像旋转时，圆域中近邻点的像素 g_i 以中心像素 g_c 为圆心，沿圆的周长移动。因为近邻点总是始于 x 轴正方向，并逆时针索引，图像的旋转自然会引起局部二值模式 $LBP_{P,R}$ 值的不同。然而对于只由 0 和 1 组成的模式，$LBP_{P,R}$ 的组成结构及顺序对于任何旋转角度都是保持不变的，如图 4.12 所示。如果以中心点及最右侧近邻点连线为 x 轴，那么图中从左至右四个 LBP 分别为 11000000、01100000、00110000、00000011（假设图中黑色圆点表示 1，白色圆点表示 0）。显然这四个 LBP 码的十进制数值是不同的，但是其组成结构及顺序是相同的。

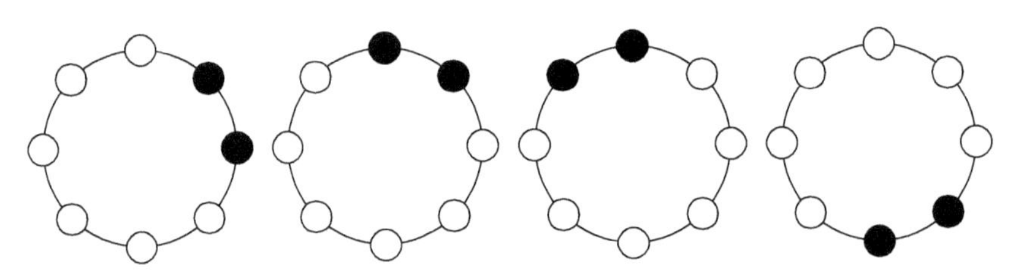

图 4.12　不同 $LBP_{P,R}$ 值相同组成结构的局部二值模式实例

为了消除旋转的影响，必须设置一个参考位置。将每一个 LBP 码旋转到此位置，以确认 $LBP_{P,R}$ 的组成结构及顺序是否相同。这种变换可以定义为

$$LBP_{P,R}^{ri} = \min\{ROR(LBP_{P,R}, i)\}, \qquad i=1, \cdots, P \tag{4.11}$$

式中，ri 代表“旋转不变量”。ROR（x，i）表示沿着圆周将 P 位的二进制码 x 移动 i 次，相当于将 x 向右移动 i 次，$|i|<P$，给定一个局部二值模式 x。

$$x = \sum_{k=1}^{P} 2^k a_k, \quad a_k \in \{0, 1\} \tag{4.12}$$

则 ROR 算子定义为

$$ROR(x, i) = \begin{cases} \sum_{k=i}^{P} 2^{k-i} a_k + \sum_{k=1}^{i-1} 2^{P-i+k} a_k, & i > 0 \\ x, & i = 0 \\ ROR(x, P+i), & i < 0 \end{cases} \tag{4.13}$$

总之，旋转不变量代码是指旋转原始 LBP 代码直到出现最小值。在给定比特位数的情况下，旋转不变量代码的数目并不很难求得。实验中，很少将图像随机旋转 45°，这使角度空间的原始量化在很大程度上无效。另外，不同二值模式的旋转不变量描述子发生率变化很大，有的几乎很少出现，这使得此种方法统计很不稳定[1]。

4.2.5　对比度与纹理模式

正如 4.2.2 节所述，对比度是图像纹理的一个重要属性，也是视觉系统中非常重要的线索，但是 LBP 算子本身却忽略了灰度级的变化。在很多应用中（尤其在工业视觉监督中），光照能被精确地控制。在这种情况下，只是使用灰度级不变纹理算子也许会浪费很多有用的信息，增加与灰度级有关的信息可以增强方法的准确性。同时，在图像分割应用中，光照的逐渐变化也不适合使用灰度级不变方法。

在更一般的观点中，普遍认为纹理不仅在模式上不同，而且在模式的强度上也各异，纹理能够被看成一种具有二维正交属性特征的现象，具体为表示空间结构的模式信息和表示模式强度的对比度信息。模式信息独立于灰度级，然而对比度却与灰度级相关。另一方面，对比度不受旋转的影响，但是模式却受旋转的影响，这两种信息彼此是有益的补充。LBP 算子的最初目的也是定位在依赖灰度级的纹理“数量”方法的补充，Ojala 等[29]用 LBP 码和局部对比度的联合分布作为一种纹理描述子。

图像局部对比度的信息可以利用方差的形式度量，即

$$\mathrm{VAR}_{P,R}=\frac{1}{P}\sum_{i=1}^{P}(g_i-\mu)^2 \tag{4.14}$$

式中，$\mu=\frac{1}{P}\sum_{i=0}^{P}g_i$，为近邻点像素值的平均值。

$\mathrm{VAR}_{P,R}$从定义上是对于灰度级变化的不变量。因为对比度是在局部测量的，所以绝对灰度级差异没有被严重影响，这种对比度度量甚至能够抵制图像内部光照变化的影响。借助空间结构的模式信息和模式强度的对比度信息，可以得到一种兼顾纹理模式和对比度的局部二值模式描述子，即

$$\mathrm{LBP}_{P,R}^{\mathrm{con}} = \mathrm{LBP}_{P_1,R_1} / \mathrm{VAR}_{P_2,R_2} \tag{4.15}$$

尽管 P 和 R 允许使用不同的数值，但是在本章实验中使用 $P_1=P_2$，$R_1=R_2$。这样选择的主要原因在于通常情况下，从语义上理解不同的半径和近邻点个数的 LBP 及其对应的对比度联合分布是非常困难的。例如，如果使用 $\mathrm{LBP}_{8,1}/\mathrm{VAR}_{16,2}$表示度量 8 近邻、半径为 1 的局部二值模式以及 16 近邻、半径为 2 的对比度信息，那么对这种联合分布给出一个有意义的解释是很困难的。

4.2.6 规范型局部二值模式

Ojala 的圆形描述子虽然所包含的近邻点数 P 和半径 R 灵活多样，且不受像素位置的约束（没有准确落在圆上的像素值可以通过双线性插值获得）。但是每一种近邻的模式种类是 2^P，也就是说如果近邻点 P 为 16，那么纹理谱的维数就是 $2^{16}=65536$，这无疑增加了计算量和复杂性。

经过大量的实验观察发现，一些特定的局部二值模式纹理描述子可以看做纹理的基本属性，提供了图像中绝大部分信息。经统计，这些特定的描述子有时甚至会超过总类别数的 90%[1]。而且这些描述子具有共同的属性：其二进制代码（想象为首尾相接的圆形）中 0 和 1 翻转的次数小于或等于 2。例如，00000000_2、11111111_2 和 00001100_2 都属于这种特定局部纹理描述子，但是00001101_2 因其 0 和 1 的翻转次数为 4，所以不属于这类局部纹理描述子。定义这种特殊的局部纹理描述子为规范型纹理描述子，通过计算得

$$U(G_P) = |s(g_P - g_c) - s(g_1 - g_c)| + \sum_{i=2}^{P} |s(g_i - g_c) - s(g_{i-1} - g_c)| \tag{4.16}$$

式中，g_c 表示中心像素值；g_i 表示周围近邻点的像素值。$s(\cdot)$ 表示符号函数。当 $U(G_P)\leqslant 2$ 时，局部纹理描述子就是规范型 LBP 纹理描述子。图 4.13 显示了邻域点数 $P=8$ 时的部分规范型 LBP 纹理描述子，图 4.14 显示了部分非规范型 LBP 纹理描述子，图 4.15 显示了规范型局部二值模式纹理描述子的衍生实例。

根据规范型 LBP 的定义和有关数学的理论知识可以计算其类别总数。除了基元模式中圆形近邻点都是 0 或 1 的两种情况，其余的规范型纹理描述子只能以

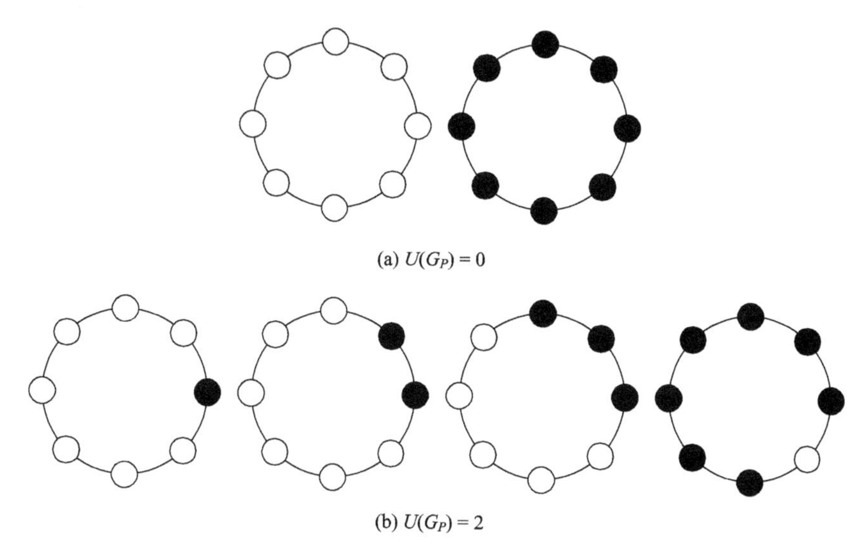

(a) $U(G_P)=0$

(b) $U(G_P)=2$

图 4.13　近邻点 $P=8$ 时的部分规范型 LBP 纹理描述子

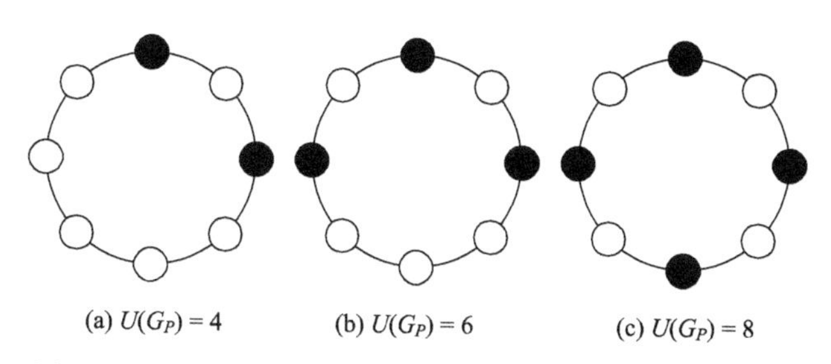

(a) $U(G_P)=4$　(b) $U(G_P)=6$　(c) $U(G_P)=8$

图 4.14　近邻点 $P=8$ 时的部分非规范型 LBP 纹理描述子

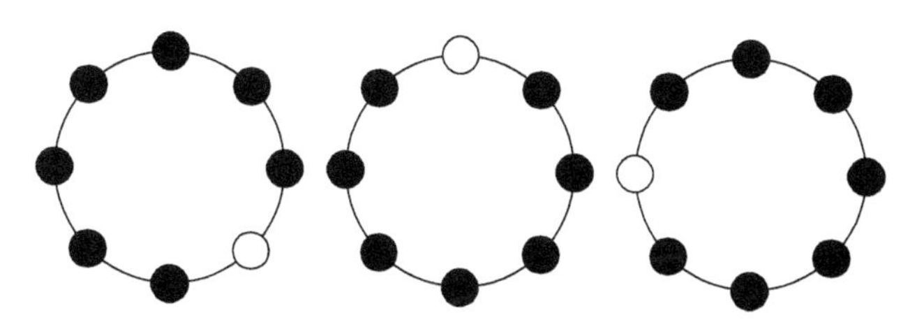

图 4.15　规范型局部二值模式纹理描述子的衍生实例

一种形式出现，即圆形近邻点中的 0 紧挨着排列在一起，1 紧挨着排列在一起，这样才能保证从 0 到 1 或从 1 到 0 的翻转次数只有 2 次。而对于这种类型的规范型局部纹理描述子，可以这样考虑：当邻域中只有一个 0 时（0 与 1 是对偶情况，只考虑一种就可以），那么这种规范型描述子沿着逆时针旋转则会生成 P（P 为近邻点的个数）种不同的规范型 LBP 描述子，如图 4.12 所示（假设 $P=8$，黑色圆点表示 1，白色圆点表示 0）。以此类推，只有 2 个 0，3 个 0，直到 $P-1$ 个 0 都有 P 种不同的规范型描述子，一共是 $P(P-1)$ 种，所以规范型局部 LBP 纹理描述子的类别总数是 $P(P-1)+2$。通过只统计图像中各像素点的规范型 LBP 纹理描述子出现的频数，就可以将纹理谱的维数由 2^P 约简为 $P(P-1)+2$，而量化后的纹理谱特征也更加紧致。规范型局部纹理描述子的形式灵活且纹理谱维数少，为此种方法结合分块和多尺度思想提供了基础和保证。

4.2.7 局部二值模式的优势

1）随机性与结构方法相结合

LBP 将随机性与结构方法有机结合在一起，既描述了纹理结构，又使用统计学理论进行分析。利用随机性分析纹理的方法在建立公式时是以模型为基础的，该模型将纹理看做一个利用统计学参数描述的样本，且是一个二维随机处理过程[31]。在马尔可夫随机域（markov random field，MRF）模型中，通常假设像素之间的相互作用主要发生在有限范围内。Cross 和 Jain[4] 指出“在一幅图像中，点的明暗级别很大程度上依赖邻近点的明暗程度，除非图像仅是随机噪声。”Jain 和 Karu[5] 注意到纹理不仅由像素的灰度级刻画特征，同时也受局部灰度值模式的影响。

纹理分析的结构方法强调了纹理的空间结构，根据 Faugeras 和 Pratt[31] 的理论，确定的纹理可以看做一种基本的局部模式，该模式在一个区域内周期或半周期地重复出现。Cross 和 Jain[4] 假设这些基元是某些具有确定性的且尺寸不断变化的形状，在他们结构方法的定义中，定位规则说明了基元彼此之间的相对位置。

这两种不同的纹理分析方法均被广泛认可，Sánchez-Yáñez 等[27] 认为“任何纹理都既包含规则的特征，又包含随机的特征。现实生活中，纹理介于完全是周期性的和完全是随机性两种极端的情况之间，因此很难仅使用一种方法将纹理进行正确分类。”由于统一模型能将纹理域内的判决部分与非判决部分彼此分开，所以使用统一模型可以有效地表示并分类纹理。LBP 方法可以看做一种真正意义上的将随机性和结构方法统一的方法。与利用像素的灰度级解释纹理信息不同，LBP 方法形成局部模式，每一个像素都用邻域内匹配效果优异的纹理基元码作标签，这样每一个 LBP 码都可以看成一个微观纹理基元。

结构和随机方法的结合源于认为微观纹理基元的分布符合统计分布规律的事实，因此 LBP 分布包含结构分析方法的属性：纹理基元和分布规律。另外，LBP 分布只是非线性滤波图像的统计量，因此这种方法明显是一种统计方法。通过上述分析，可以预知 LBP 分布能够成功地用于大量不同的纹理分类，而传统方法中却经常单独使用基于统计或结构的方法。

2）像素信息的扩展

经前面介绍可知，图像使用 LBP 局部纹理模式转换后，中心部分的每个像素值是邻域内近邻点的像素值与对应的二进制权重乘积并求和的结果，也可以看成邻域内近邻点的信息的“集成”结果。因此与原始图像相同位置处的像素值相比，经 LBP 转换后的每个像素值包含了更多的信息。此外，这种加权求和的过程也同时弱化了局部噪声点的不利影响，因此 LBP 方法具有很好的抗噪声性能。

3）非参数分类原则

利用 LBP 纹理分析方法进行分类的过程中，可以利用非参数统计方法来度量测试样本和训练样本的 LBP 分布模型之间的差异。非参数统计方法的优势在于不需要训练样本特征分布的假设。为了达到此目的，统计测试选择交叉熵原则[29]计算得到

$$G(S,\ M)=2\sum_{b=1}^{B}S_b\log\frac{S_b}{M_b}=2\sum_{b=1}^{B}\left[S_b\log S_b-S_b\log M_b\right] \tag{4.17}$$

式中，S 和 M 分别为离散样本和模型的分布；S_b 和 M_b 分别为离散样本和模型中第 b 级灰度级的分布概率；B 为分布灰度级的级数。

为了实现正确分类，这种度量形式可以简化。首先，不变因子 2 对分类结果没有影响。其次，$\sum_{b=1}^{B}\left[S_b\log S_b\right]$ 对于给定的离散样本 S 是一个恒量，对于分类

度量也是多余的。因此，式（4.17）可以转变为

$$L(S, M) = -\sum_{b=1}^{B} S_b \log M_b \tag{4.18}$$

由于不需要训练样本分布的假设，有效避免了由假设错误引入的误差，同时也避免了参数分类方法中参数选择的难题，有助于纹理的正确分类或判别。

4）其他优势

通过认真分析LBP纹理描述子的设计过程可知，LBP纹理分析方法除了上述优势，还有很多其他优势。例如，算法简单、计算量小、复杂性小、实时性好、对灰度级变化尺度具有不变性（近邻点像素值只要比阈值大，LBP中的二值码均设置为1）、对旋转具有不变性、对光照变化不敏感等。实验证明，LBP纹理分析方法在模式识别、图像检索、图像分割、目标跟踪等很多应用领域均取得了非常理想的结果，甚至在很多以前没有考虑使用纹理分析的工作中也表现突出。

4.3　方法介绍

本章主要利用LBP纹理分析方法，对人脸和人耳提取纹理特征，同时考虑引入小波变换、分块及多尺度等思想，并采用串联、并联及KCCA等融合策略，有效融合人脸和人耳的纹理信息，探讨人脸、人耳多模态识别的可行性及有效性，具体框图如图4.16所示。

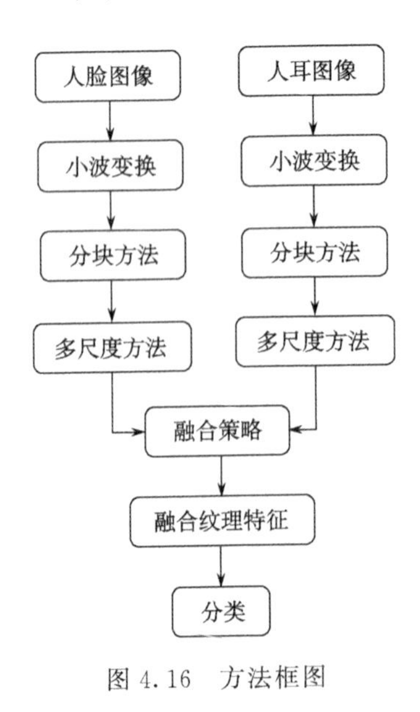

图4.16　方法框图

4.3.1　Haar小波变换

人脸和人耳图像在提取纹理特征之前，先进行Haar小波变换。小波变换是经典傅里叶变换的一种扩展，与传统的傅里叶变换相比，小波变换具有更好的时频局部化特性。其主要优势是具有一个随时可调节的窗口，当分析低频信号时，窗口就会变宽，反之会自动变窄，但窗口大小却

保持不变。该方法可以同时表述信号的时间域和频率域特性，并具有突出的局域特性和多尺度特性，因此比傅里叶变换、Gabor 变换具有更加广泛的应用价值。

应用局部二值模式提取图像的纹理特征为什么要先对原始图像进行小波变换呢？这里有必要进行详细的解释。

首先，根据信号处理的观点，大邻域描述子与小邻域描述子相比，对于像素的稀疏采样会导致更加明显的混叠现象，不能准确地表达二维图像信息。如图 4.17 所示，斜线部分的混叠面积要大于网格部分的混叠面积。利用小波变换进行滤波处理，可以明显减小混叠现象，其原因在于二维图像信息中包含了很多高频噪声信号。而根据信号采样定理[32]，若连续信号 $X(t)$ 是有带宽的，其频谱的最高频率为 f_c。对 $X(t)$ 采样时，如果保证采样频率 $f_s \geqslant 2f_c$，那么，可由采样信号 $X(nT)$ 恢复出 $X(t)$，即 $X(nT)$ 保留了 $X(t)$ 的全部信息。一般来说，噪声的频率要高于原图像信息的频率，小波变换有滤除高频噪声的作用，使采样频率 f_s 低于 2 倍的图像信息频率的概率大大降低，因此可以明显减小混叠现象的发生。

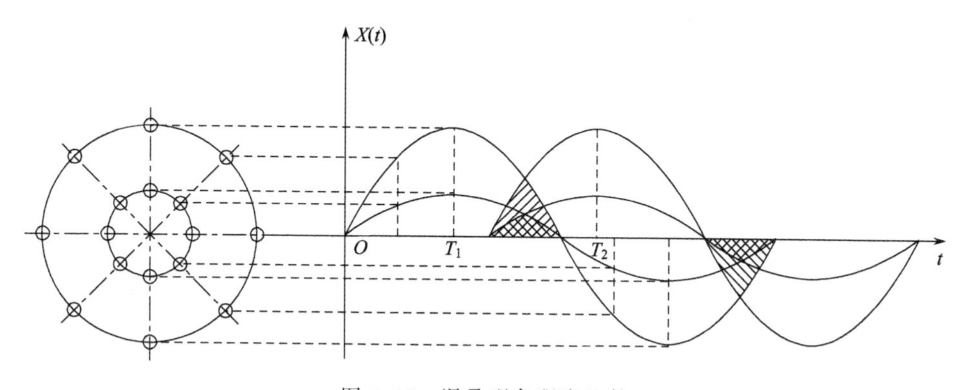

图 4.17　混叠现象程度比较

其次，小波变换可以起到降噪作用，去除噪声对原始数据带来的干扰。

再次，大邻域描述子由于采样点与中心像素值之间的距离较远，所以忽视了很多小邻域范围内的细节变化。根据小波变换的原理[33]，滤波后的图像像素值包含了整幅图像的平均信息和细节信息，基本原理如图 4.18 所示。图中实线表示平均信息，虚线表示细节信息。与原始图像相比，可以使局部二值模式纹理描述子在相同邻域范围内收集到更多的灰度信息。

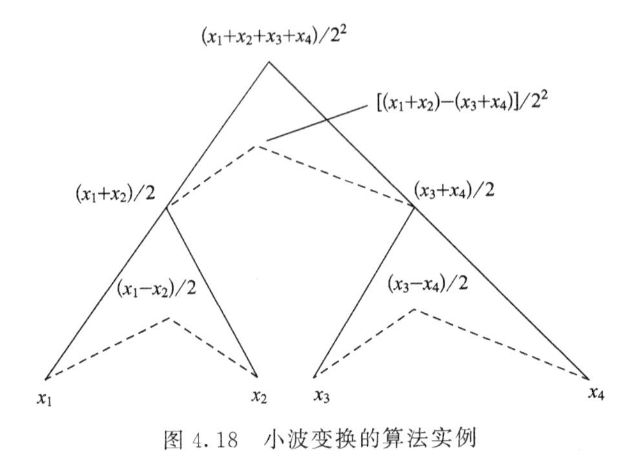

图 4.18　小波变换的算法实例

最后，在小波变换中有许多常用的小波基可供选取，如 Daubechies 小波基、Mexican Hat 小波基和 Morlet 小波基。这些小波基均具有良好的分辨率和光滑特性，但是它们的共同缺点是计算量大。相比之下，Haar 小波基实现简单，计算速度快，且滤波器更短，更容易刻画小的纹理基元。

由于上述原因，本章实验过程中对人脸图像或人耳图像提取 LBP 纹理特征时，先对其进行 Haar 小波变换，以减少噪声的干扰，获得更多的纹理信息。

这里简单介绍一下 Haar 小波变换。用 $\boldsymbol{w}^0_{(i,j)}$ 表示大小为 $N\times M$ 的原始人耳图像，对其进行离散小波变换（discrete wavelet transform，DWT）[34] 得

$$\boldsymbol{w}^{p+1}_{(i,j)}=\sum_m\sum_n \boldsymbol{L}(m)\boldsymbol{L}(n)\boldsymbol{w}^p_{(m+2i,\ n+2j)} \tag{4.19}$$

$$\boldsymbol{h}^{p+1}_{(i,j)}=\sum_m\sum_n \boldsymbol{L}(m)\boldsymbol{H}(n)\boldsymbol{w}^p_{(m+2i,\ n+2j)} \tag{4.20}$$

$$\boldsymbol{v}^{p+1}_{(i,j)}=\sum_m\sum_n \boldsymbol{H}(m)\boldsymbol{L}(n)\boldsymbol{w}^p_{(m+2i,\ n+2j)} \tag{4.21}$$

$$\boldsymbol{d}^{p+1}_{(i,j)}=\sum_m\sum_n \boldsymbol{H}(m)\boldsymbol{H}(n)\boldsymbol{w}^p_{(m+2i,\ n+2j)} \tag{4.22}$$

式中，$\boldsymbol{L}$ 和 $\boldsymbol{H}$ 分别代表低通和高通滤波器；p 是小波分解的级数，且 $p\leqslant \min(\log_2 N,\ \log_2 M)$。从中可以看出，在每一级小波分解中，上一级分解得到的低通分量 $\boldsymbol{w}^p$ 再一次被分解成 4 个尺寸相同的图像分量 $\boldsymbol{w}^{p+1}$、$\boldsymbol{h}^{p+1}$、$\boldsymbol{v}^{p+1}$、$\boldsymbol{d}^{p+1}$，经过 J 级这样的分解，就可以得到 $3J+1$ 幅子图像，即

$$\{w^J_{(i,j)},\ [h^K_{(i,j)},\ v^K_{(i,j)},\ d^K_{(i,j)}]_{k=1,2,\cdots,J}\} \tag{4.23}$$

式中，$w^J_{(i,j)}$ 表示原始图像 $w^0_{(i,j)}$ 的低分辨率图像，代表了图像水平和垂直方向的低频分量；$h^K_{(i,j)}$ 表示比例因子为 2^K 的水平方向低频分量和垂直方向高频分量；$v^K_{(i,j)}$ 表示比例因子为 2^K 的水平方向高频分量和垂直方向低频分量；$d^K_{(i,j)}$ 表示比例因子为 2^K 的水平和垂直方向的高频分量。图 4.19 分别以人脸和人耳为例显示了经一级小波分解后的子图像，包含了原始图像的低频分量（平均信息）和高频分量（细节信息），这些信息反映了原始图像在不同尺度和方向上的特征。

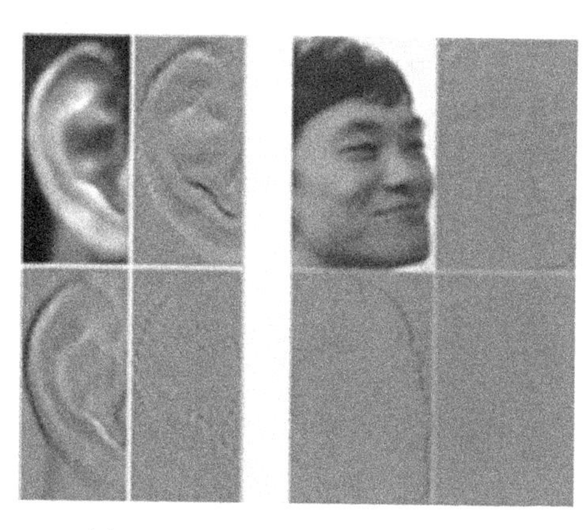

图 4.19　一级小波分解后的图像

4.3.2　分块融合思想

经小波变换后的人脸和人耳图像需要进行分块处理。分块思想是一种利用子块共同表示原始图像信息的简单有效的方法[35,36]，它可以应用于任何一种利用直方图谱特征描述图像纹理信息的方法，如规范型局部二值模式纹理谱特征方法。该方法首先将原始图像分为若干个子块，然后将每一个子块的直方图谱特征串联在一起，作为表达原始图像的谱特征 $\boldsymbol{S}[h]$，可以表示为

$$\boldsymbol{S}[h]=[\boldsymbol{s}_1[h]\quad \boldsymbol{s}_2[h]\quad \cdots\quad \boldsymbol{s}_N[h]] \tag{4.24}$$

式中，N 表示子块的个数；$\boldsymbol{s}_i[h]$（$i=1,\cdots,N$）表示第 i 个子块的直方图谱特征。

使用分块方法能够获得更充分的图像信息，因此将人脸或人耳图像进行小波分解后，对其进行分块操作，然后再使用多尺度规范型 LBP 提取特征，最后将

不同尺度不同块的纹理谱特征串联为一个向量，共同表示原始人脸或人耳图像。本章实验中选择两种分块方式（2 块和 4 块），如图 4.20（见插页）所示。

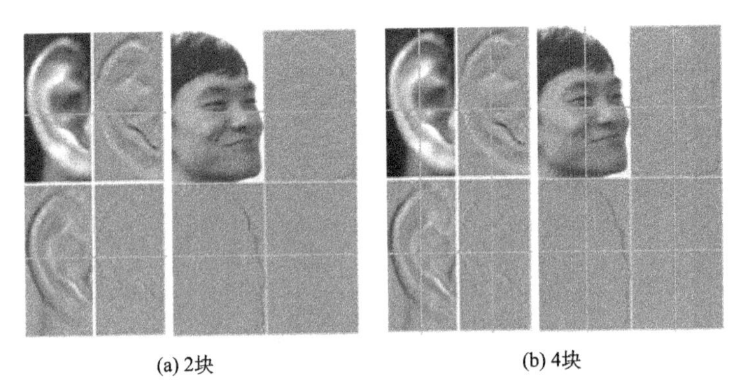

图 4.20 分块示意图

4.3.3 多尺度融合与规范型局部二值模式特征提取

仅仅使用小邻域的纹理描述子不足以准确地描述图像的纹理信息，原因在于图像中同时蕴涵一些大结构特征，使用小邻域的纹理描述子将大结构特征强迫性地分解为小结构特征，破坏了原有的结构特征信息。这就需要同时使用大小不同的纹理描述子共同表达图像的纹理信息，所以本章提出融合不同半径 R 和近邻像素点 P 的多尺度 LBP 纹理描述子的思想。

此外，相邻的 LBP 模式纹理描述子并不都是彼此完全独立的，每一个纹理基元都有可能限制着相邻的纹理基元，使得一个简单描述子的“有效区域”要略大于原有描述子的邻域范围。如图 4.21 所示，在三个 LBP 中，两侧 LBP 的中心像素是中间 LBP 的近邻点。因此对于同一幅图像，支持不同空间范围（P 与 R 都不同）的纹理描述子所包含的信息不会完全一致，融合多尺度描述子共同表

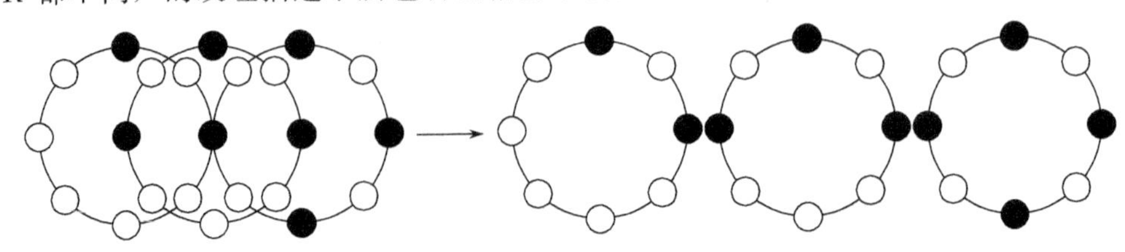

图 4.21 LBP 互相制约示意图

达人脸或是人耳图像的纹理特征，使提取的纹理信息更加准确、完备和丰富。

虽然选择不同尺度的 LBP 可以获得不同结构的信息，但是当使用大尺度 LBP 描述子时，近邻点个数的增多，导致 LBP 的种类骤增，使纹理谱直方图非常长。例如，当近邻点个数为 16 时，纹理谱长度为 $2^{16}=65536$，这显然不利于纹理特征的计算及分类。由 4.2.6 节的介绍可知，使用规范型 LBP 可以将纹理谱长度由 2^P 降低至 $P(P-1)+2$，纹理谱结构更加紧致，且更好地满足人类视觉的需要，同时使多尺度思想和分块思想成为可能。

综上所述，通过选择多种尺度的规范型 LBP 提取图像的纹理谱特征，将提取的不同尺度的纹理谱特征串联在一起，可以获得更丰富的图像信息。在实验中，选用两种规范型 LBP 模式，包括 $LBP_{8,1}$（8 个近邻点，半径为 1）和 $LBP_{16,2}$（16 个近邻点，半径为 2），计算公式为

$$\boldsymbol{S}[h]=[\boldsymbol{s}_{8,1}[h] \quad \boldsymbol{s}_{16,2}[h]] \tag{4.25}$$

4.3.4　人脸与人耳的信息融合

由于人脸与人耳的生理位置近似垂直，当人头处在不同姿态时，人脸与人耳的相对位置保持不变，所以具有信息互补的显著优势。可以利用这种优势进一步缓解姿态的影响，进行个体的身份鉴别。

按照前面几节介绍的方法求解出人脸或人耳的纹理谱特征 $\boldsymbol{S}^{\text{face}}$ 和 $\boldsymbol{S}^{\text{ear}}$ 以后，就可以将这两种生物特征进行有效融合，然后用于识别。

近年来，数据融合技术已经被快速并广泛地应用于很多领域。例如，目标跟踪与识别[37]、模式分析与分类[38,39]、图像处理与理解[40]等。而本章主要考虑数据融合中特征层的融合技术，特征层融合在数据融合过程中占有重要的位置，主要优势有两个方面：一是能从原始多种特征集中获得最具判别力的信息，二是能消除来自不同特征集相关性中的冗余信息，并实时做出后续的决策。换句话说，特征层融合能够获得最有效的、维数最低的、最有助于最终决策的特征向量[41]。

一般来说，现存的特征融合技术主要分为两类：一类是基于特征选择的，另一类是基于特征抽取的。典型的特征融合方法是将两组特征融合成一个联合特征向量（或者称为超向量），分为串联模式和并联模式[41]。除此之外，特征融合方法还包括在生物特征识别上广泛应用的核典型相关分析（KCCA）方法[42]。注

意，这里应用的KCCA方法与第3章相同，但是所应用的融合层次不同，本章是作为特征层的融合手段。在分别获得了人脸和人耳图像的纹理谱特征后，可以使用串联、并联和KCCA等方法进行融合，由于KCCA方法在第3章已经作了介绍，这里不再赘述。

1）串联模式

串联策略是一种简单有效的数据融合方法[41]。假设$\boldsymbol{s}_{\text{face}}[h]$和$\boldsymbol{s}_{\text{ear}}[h]$分别是获得的人脸和人耳图像的纹理谱特征，那么串联融合模式的特征向量可表示为

$$\boldsymbol{S}[h]_{\text{fusion}}=[\boldsymbol{s}_{\text{face}}[h]\quad \boldsymbol{s}_{\text{ear}}[h]] \tag{4.26}$$

式中，$\boldsymbol{S}[h]_{\text{fusion}}$表示融合纹理谱特征向量。很明显，如果特征向量$\boldsymbol{s}_{\text{face}}[h]$为$n$维，$\boldsymbol{s}_{\text{ear}}[h]$为$m$维，那么经串联融合后的特征向量$\boldsymbol{S}[h]_{\text{fusion}}$为$n+m$维，所有合并的$n+m$维特征向量构成融合特征空间。

2）并联模式

并联策略用复向量表示人脸和人耳的融合特征向量，如何在复空间对特征向量进行分类识别是并联融合的关键问题[41]，具体方法有广义PCA（general PCA/GPCA）、广义K-L展开、广义LDA等，本章实验选用GPCA方法计算并联融合特征向量。

假设$\boldsymbol{s}_{\text{face}}[h]$和$\boldsymbol{s}_{\text{ear}}[h]$为任意样本的人脸和人耳特征向量，则并联融合模式的复特征向量可表示为

$$\gamma=\boldsymbol{s}_{\text{face}}[h]+\mathbf{i}\boldsymbol{s}_{\text{ear}}[h],\quad \mathbf{i}\text{为复数单位} \tag{4.27}$$

注意，如果$\boldsymbol{s}_{\text{face}}[h]$和$\boldsymbol{s}_{\text{ear}}[h]$的维数不同，那么低维向量中的分量用0补齐，保证两个向量在融合前维数相同。例如，如果$\boldsymbol{s}_{\text{face}}[h]=(a_1, a_2, a_3)^{\mathrm{T}}$，$\boldsymbol{s}_{\text{ear}}[h]=(b_1, b_2)^{\mathrm{T}}$，那么先将$\boldsymbol{s}_{\text{ear}}[h]$转换成$(b_1, b_2, 0)^{\mathrm{T}}$，然后再将两个向量合并在一起，表示为$\boldsymbol{\gamma}=(a_1+\mathrm{i}b_1, a_2+\mathrm{i}b_2, a_3+\mathrm{i}0)^{\mathrm{T}}$。

在酉空间中，总离散度公式为

$$\boldsymbol{Q}_t=\boldsymbol{E}\{(\boldsymbol{\gamma}_i-\boldsymbol{m}_0)(\boldsymbol{\gamma}_i-\boldsymbol{m}_0)^{\mathrm{H}}\}\qquad(i=1,\cdots,N) \tag{4.28}$$

式中，$\boldsymbol{\gamma}_i=\boldsymbol{s}_{\text{face}}[h]+\mathbf{i}\boldsymbol{s}_{\text{ear}}[h]$为人脸人耳复空间特征列向量；$N$为样本个数；$\boldsymbol{m}_0$为所有训练样本的均值，$H$为共轭转置。很明显，$\boldsymbol{Q}_t$为半正定的Hermite

矩阵。

广义 PCA 将 $\boldsymbol{Q}_t$ 看做一个广义矩阵，并在复特征空间中引入 K-L 变换。求 $\boldsymbol{Q}_t$ 的正交特征向量为 $\boldsymbol{\xi}_1$，…，$\boldsymbol{\xi}_m$，与其对应的特征值为 λ_1，…，λ_m，且满足 $\lambda_1 \geqslant \cdots \geqslant \lambda_m$。选择前 d 个特征值所对应的特征向量作为投影轴，那么并联融合纹理谱特征为

$$\boldsymbol{S}[h]_{\text{fusion}} = \boldsymbol{\Gamma}^{\mathrm{H}} \boldsymbol{R} \tag{4.29}$$

式中，H 为共轭转置；$\boldsymbol{\Gamma} = (\boldsymbol{\xi}_1, \cdots, \boldsymbol{\xi}_m)$，$\boldsymbol{R} = \{\boldsymbol{\gamma}_1, \cdots, \boldsymbol{\gamma}_N\}$ 为人脸人耳复空间特征集；$\boldsymbol{S}[h]_{\text{fusion}} = \{\boldsymbol{s}_1, \cdots, \boldsymbol{s}_i, \cdots, \boldsymbol{s}_N\}$ 为人脸人耳的融合特征集；$\boldsymbol{s}_i$ $(i=1, \cdots, N)$ 为第 i 个人的融合特征列向量。这种方法称为广义 PCA（GPCA）方法。事实上广泛应用的经典的 PCA 方法是 GPCA 方法的一个特例。

4.3.5　分类器设计

将人脸图像和人耳图像的纹理谱特征在特征层进行融合，由于有的融合方法生成的融合特征为复特征向量，如并联方法（GPCA）以及核典型相关分析方法（KCCA），所以本章的多模态融合实验选择了欧氏距离函数的最近邻分类器[42]：

$$d(\boldsymbol{s}_{\text{fusion\_train}, i}, \boldsymbol{s}_{\text{fusion\_test}}) = \min \sqrt{(\boldsymbol{s}_{\text{fusion\_train}, i} - \boldsymbol{s}_{\text{fusion\_test}})(\boldsymbol{s}_{\text{fusion\_train}, i} - \boldsymbol{s}_{\text{fusion\_test}})'}, \quad i = 1, \cdots, N \tag{4.30}$$

式中，$\boldsymbol{s}_{\text{fusion\_train}, i}$ $(i=1, \cdots, N)$ 和 $s_{\text{fusion\_test}}$ 分别表示第 i 个训练样本和测试样本的融合特征向量，将测试样本 $\boldsymbol{s}_{\text{fusion\_test}}$ 归为与之距离最小的 $\boldsymbol{s}_{\text{fusion\_train}, i}$ 那一类。

为了验证多模态方法的有效性，需要计算单模态下人脸和人耳的识别率。由于单模态人脸或人耳的纹理谱特征不是复向量，所以单模态实验使用最近邻分类器进行分类识别。本章并没有选择 4.2.7 节介绍的非参数分类器，而是选用 Canberra 距离非参数分类器作为衡量准则，不仅计算速度快，而且识别性能好[43,44]，计算公式为

$$d(\boldsymbol{s}_{\text{train}}, \boldsymbol{s}_{\text{test}}) = \min \sum_{i=1}^{n} \frac{|\boldsymbol{s}_{\text{train}, i} - \boldsymbol{s}_{\text{test}, i,}|}{|\boldsymbol{s}_{\text{train}, i}| + |\boldsymbol{s}_{\text{test}, i,}|} \tag{4.31}$$

式中，$\boldsymbol{s}_{\text{train}}$ 和 $\boldsymbol{s}_{\text{test}}$ 分别表示训练样本和测试样本的规范型局部纹理谱特征；i 表示特征向量中第 i 个分量。

4.4 实验与讨论

4.4.1 实验设计

本章实验采用作者所在人耳识别团队建立的图像库[45]中的图像，图像库 1 共 79 人，其中选用了正侧面 0°，向右旋转 5°、20°、35°和 45°等五种姿态情况，每种情况两幅图像，经手动分割得到，如图 3.2 所示。实验过程中统一将人耳图像归一化为 116×60 像素，人脸图像归一化为 392×228 像素。将正侧面（0°）人耳图像和侧面（0°）人脸图像（79×2＝158 幅）用于训练，5°、20°、35°和 45°的人耳图像和人脸图像（共 79×2×4＝632 幅）分别用于测试。

图像库 2 包含 89 人，每人包含平视、左摆、右摆、仰视及俯视等五种姿态，如图 4.22 所示，选择摄像头垂直拍摄右脸的视角。实验中人脸图像归一化为 186×100 像素，人耳图像归一化为 64×44 像素，平视图像用于训练，其他姿态的图像分别用于测试。

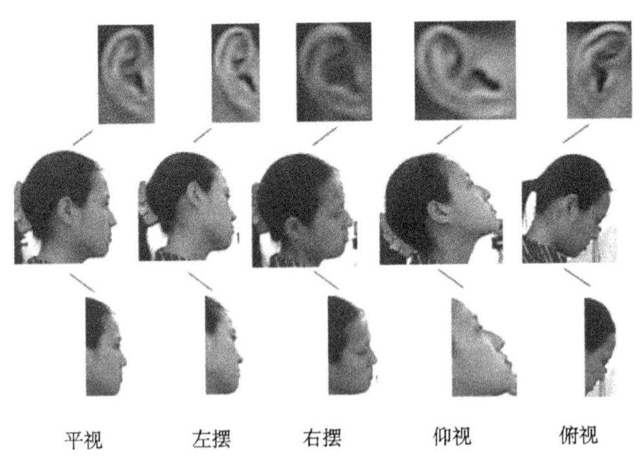

图 4.22 图像库 2 中人脸人耳图像实例

4.4.2 实验步骤

利用 Haar 小波变换和规范型局部二值模式纹理描述子进行识别的具体步骤

如下（为了叙述方便，这里仅以图像库1中5°的人脸和人耳图像为例进行说明，其他角度的实验过程相同）。

第一步：将79人的侧面（0°）人脸图像从第1人至第79人依次按照式（4.23)进行Haar小波变换，生成$3J+1$个子图像，J为小波分解的级数。

第二步：将小波变换后的子图像按照图4.20进行分块（实验中选择2块或4块两种分块方式)。

第三步：对每一个子图像的子块利用式（4.16）提取不同尺度（实验中选择8近邻、半径为1和16近邻、半径为2两种）的规范型局部纹理谱特征，并将所有子图像的子块的不同尺度的规范型局部纹理谱特征融合为一个谱特征。将这79个人的所有谱特征组成特征集$\boldsymbol{S}_{\text{face}}^{F}=(\boldsymbol{s}_{11}, \boldsymbol{s}_{12}, \cdots, \boldsymbol{s}_{n1}, \boldsymbol{s}_{n2})$，$\boldsymbol{s}_{i1}$，$\boldsymbol{s}_{i2}$（$i=1, \cdots, 79$）分别为第$i$人的两幅图像的谱特征，且均为列向量，$F$代表没有姿态角度的图像。

第四步：重复第一步至第三步，将79人的5°人脸图像、正侧面（0°）人耳图像和5°人耳图像分别组成纹理谱特征集$\boldsymbol{S}_{\text{face}}^{P}$、$\boldsymbol{S}_{\text{ear}}^{F}$、$\boldsymbol{S}_{\text{ear}}^{P}$，$P$代表有姿态角度的图像。

第五步：如果进行单生物特征识别，那么利用式（4.31）对带有角度的人脸图像纹理谱特征集$\boldsymbol{S}_{\text{face}}^{P}$或人耳图像纹理谱特征集$\boldsymbol{S}_{\text{ear}}^{P}$进行分类识别。

第六步：如果进行多模态识别，那么先将$\boldsymbol{S}_{\text{face}}^{F}$、$\boldsymbol{S}_{\text{ear}}^{F}$、$\boldsymbol{S}_{\text{face}}^{P}$和$\boldsymbol{S}_{\text{ear}}^{P}$利用串联（式（4.26））、并联（式（4.29））和KCCA（第2章式（2.29））等三种方法进行融合，生成融合纹理谱特征集$\boldsymbol{S}_{\text{fusion}}^{F}(0°)$和$\boldsymbol{S}_{\text{fusion}}^{P}(5°)$，最后利用式（4.30）对融合特征集进行分类识别。

4.4.3 实验结果与分析

1）规范型局部二值模式的作用

实验选用图像库1中的图像，使用规范型局部二值模式和基本（方形）局部二值模式分别对原始人脸图像和人耳图像（未经Haar小波变换）提取纹理特征，取$P=8$，$R=1$，并利用Canberra最近邻分类器进行分类识别，识别结果如表4.1和表4.2所示。

表 4.1 未经 Haar 小波变换的人脸识别率比较 （单位：%）

方法	5°	20°	35°	45°
基本型	20.89	11.39	3.80	6.33
规范型	38.61	15.19	8.23	10.13

表 4.2 未经 Haar 小波变换的人耳识别率比较 （单位：%）

方法	5°	20°	35°	45°
基本型	24.05	12.03	5.06	6.96
规范型	62.66	33.54	20.25	10.13

从识别结果可以看出，利用规范型局部二值模式所提取的纹理特征，维数由 2^P 量化为 $P(P-1)+2$，因此结构更加紧致，识别效果更好。

2）小波变换的作用

实验选用图像库 1 中的图像。为了测试小波变换的作用，首先利用 Haar 小波对原始图像进行滤波处理，然后利用改进的规范型局部二值模式提取纹理特征，并用 Canberra 距离分类器进行分类识别，这里也取 $P=8$，$R=1$。为了分析比较不同小波变换处理方法对识别结果的影响，本章采用了以下三种方法。

（1）对原始图像分别进行 1 级和 2 级 Haar 小波分解，然后对低分辨率子图像 $\boldsymbol{w}^1$ 和 $\boldsymbol{w}^2$ 提取规范型局部二值模式纹理谱特征 $\boldsymbol{S}_w^1$ 和 $\boldsymbol{S}_w^2$，并将两种谱特征求和 $[\boldsymbol{S}_w^1+\boldsymbol{S}_w^2]$，作为最后的谱特征进行识别。

（2）将原始图像进行 1 级 Haar 小波分解，然后对四个子图像 $\boldsymbol{w}^1$、$\boldsymbol{h}^1$、$\boldsymbol{v}^1$、$\boldsymbol{d}^1$ 分别提取规范型局部二值模式纹理谱特征 $\boldsymbol{S}_w^1$、$\boldsymbol{S}_h^1$、$\boldsymbol{S}_v^1$、$\boldsymbol{S}_d^1$，最后将四种谱特征串联为一个谱特征 $[\boldsymbol{S}_w^1, \boldsymbol{S}_h^1, \boldsymbol{S}_v^1, \boldsymbol{S}_d^1]$，并用于识别。

（3）将原始图像进行 2 级 Haar 小波分解，然后对 7 个子图像 $\boldsymbol{w}^2$、$\boldsymbol{h}^2$、$\boldsymbol{v}^2$、$\boldsymbol{d}^2$、$\boldsymbol{h}^1$、$\boldsymbol{v}^1$、$\boldsymbol{d}^1$ 分别提取规范型局部二值模式纹理谱特征 $\boldsymbol{S}_w^2$、$\boldsymbol{S}_h^2$、$\boldsymbol{S}_v^2$、$\boldsymbol{S}_d^2$、$\boldsymbol{S}_h^1$、$\boldsymbol{S}_v^1$、$\boldsymbol{S}_d^1$，最后将 7 种谱特征串联为一个谱特征 $[\boldsymbol{S}_w^2, \boldsymbol{S}_h^2, \boldsymbol{S}_v^2, \boldsymbol{S}_d^2, \boldsymbol{S}_h^1, \boldsymbol{S}_v^1, \boldsymbol{S}_d^1]$，并用于识别。识别结果如表 4.3 和表 4.4 所示。

表 4.3　Haar 小波变换的不同处理方法人脸识别率比较　(单位:%)

方法	5°	20°	35°	45°
1	50	18.35	5.06	8.23
2	74.05	23.42	15.19	17.09
3	68.35	25.32	7.59	11.39

表 4.4　Haar 小波变换的不同处理方法人耳识别率比较　(单位:%)

方法	5°	20°	35°	45°
1	65.19	34.81	22.15	13.92
2	68.35	43.04	25.32	16.46
3	66.46	34.18	20.89	13.92

从表 4.3 和表 4.4 中的数据可以得出以下结论。

(1) 与表 4.1 和表 4.2 相比，无论选用哪种 Haar 小波变换处理方法都可以提高识别性能。这主要是由于经小波变换后，图像像素值包含了整幅图像的平均信息和细节信息。与原始图像相比，可以使局部纹理描述子在相同邻域范围内收集到更多的信息，有助于提取更丰富的纹理特征，提高了识别结果。

(2) 虽然三种方法都不同程度地提高了识别性能，但是从表中数据可所以以看出分解级数不宜过多，主要原因有两点。一是实验中所使用的原始人耳图像尺寸并不大（116×60 像素），且分解后子图像的行数和列数均随着分解级数 J 以 2^J （$J=1, 2, \cdots, n$）的倍数逐渐减小。而规范型局部二值模式纹理特征的提取对图像的尺寸是有要求的。例如，当 $P=8$ 时，纹理基元最小要在 3×3 像素上提取；当 $P=16$ 时，纹理基元最小要在 5×5 像素上提取。这种矛盾决定了分解级数不宜过大。二是过多的分解级数会导致子图像数目的增多，而后期识别是将所有子图像的谱特征连接起来组成一个谱特征，这样会导致纹理谱特征维数的增多，影响识别速度，因此分解级数不宜过多。

由于第二种小波变换处理方式不仅识别效果最理想，而且分解级数也最少，所以本章后面的实验均选择该种处理方式。

3) 分块融合的作用

实验选用图像库 1 中的图像。为了测试分块融合的作用，选用上述第二种小波变换处理方式，即先将原始图像进行 1 级 Haar 小波分解，然后将生成的 4 个子图像 $\boldsymbol{w}^1$、$\boldsymbol{h}^1$、$\boldsymbol{v}^1$、$\boldsymbol{d}^1$ 分别均分成 2 块，如图 4.20（a）所示（这里以人耳图像为例）。对每一个子块利用 $P=8$、$R=1$ 的规范型局部二值模式纹理描述子分别提取谱特征 $\boldsymbol{S}_{w1}^1$、$\boldsymbol{S}_{w2}^1$、$\boldsymbol{S}_{h1}^1$、$\boldsymbol{S}_{h2}^1$、$\boldsymbol{S}_{v1}^1$、$\boldsymbol{S}_{v2}^1$、$\boldsymbol{S}_{d1}^1$、$\boldsymbol{S}_{d2}^1$，最后将 8 个谱特征串联为一个谱特征 $[\boldsymbol{S}_{w1}^1, \boldsymbol{S}_{w2}^1, \boldsymbol{S}_{h1}^1, \boldsymbol{S}_{h2}^1, \boldsymbol{S}_{v1}^1, \boldsymbol{S}_{v2}^1, \boldsymbol{S}_{d1}^1, \boldsymbol{S}_{d2}^1]$，并用 Canberra 距离分类器进行分类识别。此外，由于分块过程中分割线两侧的像素会受到影响而使信息损失，所以实验中还尝试了将未分块的四个子图像 $\boldsymbol{w}^1$、$\boldsymbol{h}^1$、$\boldsymbol{v}^1$、$\boldsymbol{d}^1$ 的谱特征同时串联在内，组成新的谱特征 $[\boldsymbol{S}_{w1}^1, \boldsymbol{S}_{w2}^1, \boldsymbol{S}_{w}^1, \boldsymbol{S}_{h1}^1, \boldsymbol{S}_{h2}^1, \boldsymbol{S}_{h}^1, \boldsymbol{S}_{v1}^1, \boldsymbol{S}_{v2}^1, \boldsymbol{S}_{v}^1, \boldsymbol{S}_{d1}^1, \boldsymbol{S}_{d2}^1, \boldsymbol{S}_{d}^1]$，再用于识别。同理，可以将 4 个子图像分别均分为 4 块，如图 4.20（b）所示。识别结果如表 4.5 和表 4.6 所示。

表 4.5　不同分块方式人脸识别率比较　　（单位：%）

方法	5°	20°	35°	45°
2 块	70.89	25.32	7.59	10.76
2 块＋整体	75.95	25.95	8.86	13.29
4 块	84.81	37.97	12.03	17.09
4 块＋整体	87.34	43.04	13.92	20.25

表 4.6　不同分块方式人耳识别率比较　　（单位：%）

方法	5°	20°	35°	45°
2 块	81.01	52.53	27.85	18.35
2 块＋整体	82.28	56.96	32.91	19.62
4 块	90.51	59.49	35.44	21.52
4 块＋整体	94.94	66.46	41.77	21.52

将表 4.5、表 4.6 与表 4.3、表 4.4 比较可以看出，分块思想可以明显提高识别结果，增加整体子图像的谱特征可以得到更好的识别效果。但所分块数不宜过多，原因和小波变换分解级数不宜过多相同，这里不再赘述；除此之外，分块方法会使分割线两侧的信息损失，块数越多，损失的信息也就越多，这也限制了分块的个数。

4）多尺度融合的作用

实验分别选择图像库 1 和图像库 2 中的图像。上述实验均是取 $P=8$、$R=1$ 的规范型局部二值模式纹理描述子提取纹理特征，为了测试多尺度融合思想的效果，此处在分块思想的基础上，选用 $P=8$、$R=1$ 和 $P=16$、$R=2$ 两种规范型局部二值模式纹理描述子提取纹理特征。同时将两种谱特征串联成为一个谱特征表示每个子块，将所有子块串联起来表示每个子图像，将所有子图像串联起来表示原始图像，最后用 Canberra 距离分类器进行分类识别。这种由整体到局部再到整体的过程，更加符合人类的视觉特点。此外，为了比较本章提出的方法[46]的性能，这里还选择了 PCA[43]（158 个基向量）和 KPCA[47]（158 个基向量，选用了 Gaussian 核函数）以及 Gabor[48]纹理特征提取方法作为对照，具体识别结果如表 4.7～表 4.10 所示。

表 4.7　人脸识别率比较　　（单位：%，图像库 1）

方法	5°	20°	35°	45°
PCA	内存空间不足（512MB 内存）			
KPCA	63.29	14.56	8.23	14.56
Gabor	41.77	22.78	8.23	13.29
多分辨率＋整体	72.15	24.05	10.76	12.66
多分辨率＋2 块	91.77	32.91	15.19	22.78
多分辨率＋2 块＋整体	93.67	33.54	17.09	25.32
多分辨率＋4 块	98.10	51.90	25.32	29.75
多分辨率＋4 块＋整体	99.37	56.33	29.11	31.65

表 4.8　人耳识别率比较　　（单位：%，图像库 1）

方法	5°	20°	35°	45°
PCA	84.18	21.52	8.86	4.43
KPCA	98.10	81.01	41.77	25.32
Gabor	98.73	81.65	43.67	20.89
多分辨率＋整体	87.97	62.66	27.85	17.72
多分辨率＋2 块	99.37	85.44	56.33	38.61

续表

方法	5°	20°	35°	45°
多分辨率+2块+整体	99.37	88.61	56.96	29.11
多分辨率+4块	100	88.61	55.06	34.18
多分辨率+4块+整体	100	92.41	62.66	42.41

表 4.9　人脸识别率比较　　(单位:%，图像库 2)

方法	左摆	右摆	仰视	俯视
PCA	13.48	23.60	1.12	3.37
KPCA	32.58	22.47	3.37	3.37
Gabor	13.48	8.99	4.49	1.12
多分辨率+整体	30.34	21.35	11.24	14.61
多分辨率+2块	33.71	21.35	26.97	23.60
多分辨率+2块+整体	30.34	22.47	28.09	24.72
多分辨率+4块	35.96	43.82	31.46	33.71
多分辨率+4块+整体	46.07	47.19	37.08	39.32

表 4.10　人耳识别率比较　　(单位:%，图像库 2)

方法	左摆	右摆	仰视	俯视
PCA	12.36	3.37	39.33	35.96
KPCA	48.31	17.98	53.93	40.45
Gabor	51.69	38.20	52.81	37.08
多分辨率+整体	46.07	22.47	28.09	21.35
多分辨率+2块	58.43	51.69	56.18	41.57
多分辨率+2块+整体	58.43	52.81	58.43	42.70
多分辨率+4块	59.55	50.56	58.43	46.07
多分辨率+4块+整体	65.2	55.06	60.67	53.93

将表 4.7～表 4.10 与表 4.5、表 4.6 比较可以看出，多分辨率思想可以在分块思想的基础上大幅度提高识别结果。同 PCA、KPCA 和 Gaobr 方法相比，本章提出的方法可以有效地克服姿态对人脸识别和人耳识别带来的影响，具有很强的鲁棒性，尤其在大角度情况下，提高效果更加显著。值得一提的是，该方法在

时间上也具有很大的优势。对于人耳图像来说，实验运行时间不过十几秒。由于人脸图像比人耳图像大，所以时间略长，一般为 80 秒左右；当融合多尺度方法后，时间会有所增长，人耳一般为 30 多秒，人脸为 300 秒左右。另外，上述实验中，人脸图像识别率普遍比人耳图像识别率低，其原因和 3.4.3 节中介绍的相同，这里不再赘述。

此外，使用图像库 2 中的图像进行测试的结果比图像库 1 的结果差，主要是因为被试对象拍摄图像时没有被严格要求姿态幅度，所以不同被试的相同姿态存在很大的角度差异，如图 4.23 所示。

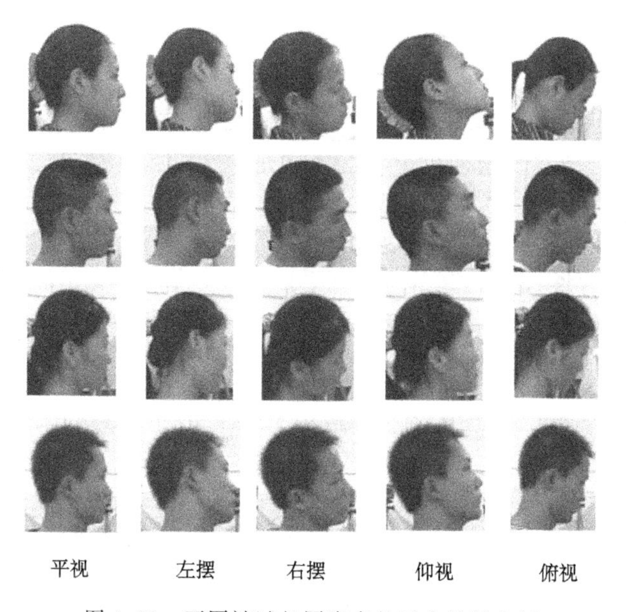

图 4.23　不同被试相同姿态的巨大差异实例

5）多模态信息融合的作用

实验分别选择图像库 1 和图像库 2 中的图像。为了测试人脸与人耳多模态识别的可行性和有效性，本章在多分辨率融合思想的基础上，将所提取的人脸和人耳纹理谱特征（这里只考虑使用 KPCA[47]、Gabor[48]、多分辨率＋2 块＋整体和多分辨率＋4 块＋整体四种情况）利用串联[41]、并联[41]和 KCCA[42]（核函数选用 Gaussian 核函数）三种策略进行融合，并用欧氏距离分类器进行分类识别，具体结果如表 4.11 和表 4.12 所示。

表 4.11　融合识别结果比较　　（单位：%，图像库 1）

方法	5°	20°	35°	45°
Gabor+串联	94.94	73.42	43.04	21.52
Gabor+并联	91.14	63.29	40.51	20.25
Gabor+KCCA	83.54	53.16	22.15	17.72
KPCA+串联	96.20	75.95	43.67	25.95
KPCA+并联	96.20	77.85	42.41	26.58
KPCA+KCCA	86.08	54.43	31.65	25.32
多分辨率+2 块+整体+串联	100.00	98.10	91.14	86.71
多分辨率+2 块+整体+并联	97.47	86.71	74.68	67.72
多分辨率+2 块+整体+KCCA	100.00	97.47	91.14	85.44
多分辨率+4 块+整体+串联	100.00	98.73	89.24	81.65
多分辨率+4 块+整体+并联	100.00	91.14	73.42	66.46
多分辨率+4 块+整体+KCCA	100.00	98.73	89.24	79.11

表 4.12　融合识别结果比较　　（单位：%，图像库 2）

方法	左摆	右摆	仰视	俯视
Gabor+串联	68.54	44.94	34.83	32.58
Gabor+并联	41.57	28.09	24.72	15.73
Gabor+KCCA	21.35	10.11	4.49	4.49
KPCA+串联	68.54	57.30	42.70	33.71
KPCA+并联	62.92	48.31	43.82	28.09
KPCA+KCCA	21.35	20.22	6.74	33.71
多分辨率+2 块+整体+串联	70.79	64.04	62.92	48.31
多分辨率+2 块+整体+并联	60.67	53.93	57.30	44.94
多分辨率+2 块+整体+KCCA	67.42	62.92	60.67	47.19
多分辨率+4 块+整体+串联	69.66	62.92	61.80	60.67
多分辨率+4 块+整体+并联	60.67	59.55	56.18	55.06
多分辨率+4 块+整体+KCCA	68.54	60.67	61.80	56.18

从表 4.11 和表 4.12 中的数据可以得出如下结论。

(1) 利用人耳和人脸进行多模态识别的效果比单模态识别有显著的提高，尤其是在大角度情况下。例如，在大姿态转角 45°且为多分辨率+2 块+整体情况下，人耳识别率只有 29.11%，人脸识别率为 25.32%。如此低的识别率已经不可能将人耳或人脸作为身份识别的依据了，但是经串联融合后，识别率可以高达 86.71%，可见多模态方法效果非常显著。

(2) 串联、并联和 KCCA 三种融合策略均在很大程度上提高了单生物特征的识别率。总体上，串联融合和 KCCA 方法效果大体相当，并联方法比前两种方法略差。

4.5 本章小结

姿态问题是人耳识别的难题之一，本章针对此问题提出了一种基于 Haar 小波变换和规范型局部二值模式纹理分析的人脸人耳多模态识别方法。该方法先利用 Haar 小波变换增强纹理基元的有效信息，防止发生混叠现象并降低噪声带来的干扰；然后利用规范型局部二值模式纹理描述子提取图像的纹理特征，将纹理谱直方图由 2^P 维降至 $P(P-1)+2$ 维，使纹理谱特征结构更加紧致，同时结合分块思想和多尺度融合思想，大幅度提高识别结果；最后为了测试多模态识别的可行性和有效性，利用串联、并联和 KCCA 等融合策略对人脸和人耳的纹理特征进行有效融合，进一步提高识别效果。大量的实验结果表明，本章提出的方法不仅运算速度快，而且可以有效地克服姿态和光照对人脸或人耳识别带来的影响，具有很强的鲁棒性。尤其与分块和多尺度方法相结合时，效果更加显著，明显优于经典的 PCA、KPCA 和 Gabor 纹理分析方法。此外，利用有效的融合策略融合人脸和人耳生物特征，可以使识别率大幅度提高，且稳定性也显著增强，充分显示了多模态识别的可行性和有效性。

参考文献

[1] Mäenpää T. The local binary pattern approach to texture analysis-extensions and applications. Finland：University of Oulu，2003.

[2] Chaudhuri B B, Sarkar N, Kundu P. Improved fractal geometry based texture segmentation technique. IEEE Proceedings on Computers and Digital Techniques, 1993, 140: 233-241.

[3] Haralick R, Shanmugam K, Dinstein I. Textural features for image classification. IEEE Transactions on Systems, Man, and Cybernetics, 1973, 3 (6): 610-621.

[4] Cross G, Jain A. Markov random field texture models. IEEE Transactions on Pattern Analysis and Machine Intelligence, 1983, (5): 25-39.

[5] Jain A, Karu K. Learning texture discrimination masks. IEEE Transactions on Pattern Analysis and Machine Intelligence, 1996, (18): 195-205.

[6] Tamura H, Mori S, Yamawaki T. Textural features corresponding to visual perception. IEEE Transactions on Systems, Man, and Cybernetics, 1978, (8): 460-473.

[7] Rao A, Lohse G. Identifying high-level features of texture perception. CVGIP: Graph Models Image Process, 1993, 57 (3): 218-233.

[8] Levine M D. Vision in man and machine. New York: McGraw-Hill, 1985.

[9] Papathomas T, Kashi R, Gorea A. A human vision based computational model for chromatic texture segregation. IEEE Transactions on Systems, Man, and Cybernetics, Part B, 1997, 27 (3): 428-440.

[10] PoirsonB, Wandell B. Pattern-color separable pathways predict sensitivity to simple colored patterns. Vision Research, 1996, 36 (4): 515-526.

[11] Turtinen M, Pietikäinen M. Visual training and classification of textured scene images. The 3rd International Workshop on Texture Analysis and Synthesis, Nice, 2003: 101-106.

[12] Conners R, Harlow C. A theoretical comparison of texture algorithms. IEEE Transactions on Pattern Analysis and Machine Intelligence, 1980, 2 (3): 204-222.

[13] Weszka J, Dyer C, Rosenfeld A. A comparative study of texture measures for terrain classification. IEEE Transactions on Systems, Man, and Cybernetics, 1976, 6: 269-285.

[14] Valkealahti K, Oja E. Reduced multidimensional cooccurrence histograms in texture classification. IEEE Transactions on Pattern Analysis and Machine Intelligence, 1998, 20: 90-94.

[15] Ojala T, Valkealahti K, Oja E, et al. Texture discrimination with multidimensional distributions of signed gray-level differences. Pattern Recognition, 2001, (34): 727-739.

[16] He D C, Wang L. Texture unit, texture spectrum, and texture analysis. IEEE Transactions on Geoscience and Remote Sensing, 1990, 28 (4): 509-512.

[17] Heikkinen J. Applications of texture analysis and classification methods to metal surface inspection problems. Oulu: University of Oulu, 1993.

[18] Ojala T. Nonparametric texture analysis using spatial operators, with applications in visual inspection. Oulu: University of Oulu, 1997.

[19] Aleksander I, Stonham T. Guide to pattern recognition using random access memories. Computers and Digital Techniques, 1979, 2 (1): 29-40.

[20] Patel D, Stonham T. A single layer neural network for texture discrimination. IEEE International Symposium on Circuits and Systems, Singapore, 1991: 2656-2660.

[21] Patel D, Stonham T. Texture image classification and segmentation using rank order clustering. The 11th International Conference on Pattern Recognition, Hague, 1992: 92-95.

[22] Hepplewhite L, Stonham T. Texture classification using N-tuple pattern recognition. The 13th International Conference on Pattern Recognition, Vienna, 1996: 159-163.

[23] Julesz B. Textons, the elements of texture perception, and their interactions. Nature, 1981, 290: 91-97.

[24] Varma M, Zisserman A. Classifying materials from images: to cluster or not to cluster? 2nd International Workshop on Texture Analysis and Synthesis, Copenhagen, 2002: 139-143.

[25] PietikäinenM, Nurmela T, Mäenpää T, et al. View-based recognition of 3D-textured surfaces. Pattern Recognition, 2004, 37: 313-323.

[26] Dana K, van Ginnegen B, Nayar S, et al. Reflectance and texture of real world surfaces. ACM Transactions on Graphics, 1999, 18 (1): 1-34.

[27] Sánchez-Yáñez R, Kurmyshev E, Cuevas F. A framework for texture classification using the coordinated clusters representation. Pattern Recognition Letters, 2003, 24: 21-31.

[28] Harwood D, Ojala T, Pietikäinen M, et al. Texture classification by center-symmetric auto-correlation, using Kullback discrimination of distributions. Pattern Recognition Letters, 1995, 16 (1): 1-10.

[29] Ojala T, Pietikäinen M, Harwood D. A comparative study of texture measures with classification based on feature distributions. Pattern Recognition, 1996, (29): 51-59.

[30] Manjunath B, Ma W. Texture features for browsing and retrieval of image data. IEEE Transactions on Pattern Analysis and Machine Intelligence, 1996, 18 (8): 837-842.

[31] Faugeras O, Pratt W. Decorrelation methods of texture feature extraction. IEEE Transac-

tions on Pattern Analysis and Machine Intelligence, 1980, 2: 323-332.

[32] 王朝英，冯新喜. 信号处理原理. 北京：清华大学出版社，2005：7-9.

[33] Nanni L, Lumini A. Wavelet decomposition tree selection for palm and face authentication. Pattern Recognition Letters, 2008, 29 (3): 343-353.

[34] Zhang T P, Fang B, Yuan Y, et al. Multiscale facial structure representation for face recognition under varying illumination. Pattern Recognition, 2009, 42 (2): 251-258.

[35] Wang Y, Mu Z C, Zeng H. Block-based and multi-resolution methods for ear recognition using wavelet transform and uniform local binary patterns. The 19th International Conference on Pattern Recognition, Tampa, 2008: 1-4.

[36] Kuo W C, Jiang D J, Huang Y C. A reversible data hiding scheme based on block division. Congress on Image and Signal Processing (CISP), Sanya, 2008: 365-369.

[37] Cao J, Li W, Wu D. Multi-feature fusion tracking based on a new particle filter. Journal of Computers, 2012, 7 (12): 2939-2947.

[38] Huang Z X, Liu Y G, Li C G, et al. A robust face and ear based multimodal biometric system using sparse representation. Pattern Recognition, 2013, DOI: 10. 1016/j. patcog. 2013. 01. 022.

[39] Wang Y, He D J, Yu C C, et al. Multimodal biometrics approach using face and ear recognition to overcome adverse effects of pose changes. Journal of Electronic Imaging, 2012, 21 (4), DOI: 10. 1117/1. JEI. 21. 4. 043026.

[40] Guo L Q, Dai M, Zhu M. Multifocus color image fusion based on quaternion curvelet transform. Optics Express, 2012, 20 (17): 18846-18860.

[41] Yang J, Yang J Y, Zhang D, et al. Feature fusion: parallel strategy vs. serial strategy. Pattern Recognition, 2003, (36): 1369-1381.

[42] Huang S Y, Lee M H, Hsiao C K. Nonlinear measures of association with kernel canonical correlation analysis and applications. Statistical Planning and Inference, 2009, 139 (7): 2162-2174.

[43] Feng G C, Yuen P C, Dai D O. Human face recognition using PCA on wavelet subband. Journal of Electronic Imaging, 2000, 9 (2): 226-233.

[44] Takala V, Ahonen T, Pietikäinen M. Block-based methods for image retrieval using local binary patterns. The 14th Scandinavian Conference on Image Analysis (SCIA), Joensuu, 2005: 882-891.

[45] Yuan L，Mu Z C，Xu Z G. Using ear biometrics for personal recognition. International Workshop on Biometric Recognition Systems (IWBRS)，Beijing，2005：221-228.
[46] 王瑜，穆志纯，付冬梅. 基于小波变换和规范型纹理谱描述子的人耳识别研究. 电子学报，2010，38 (1)：239-243.
[47] Xu Y，Zhang D，Song F X，et al. A method for speeding up feature extraction based on KPCA. Neurocomputing，2007，70 (4-6)：1056-1061.
[48] Shen L L，Bai L. A review on Gabor wavelets for face recognition. Pattern Analysis & Applications，2006，9：273-292.

第5章 基于姿态转换的人脸人耳多模态识别

人类在识别人脸时，不管怎样旋转（有时甚至从背影）都可以鉴别出个体的身份。这说明人脑中形成了一个有关人脸的不变量属性，不管人的头部怎样旋转，这个不变量始终能作为识别身份的有效特征。到目前为止，人类还无法确定这个不变量是什么，是怎样形成的。但这却给我们启示，即在带有姿态角度的人脸图像和正面人脸图像之间以及带有姿态角度的人耳图像和正侧面人耳图像之间也一定存在着这样的不变属性。Lee 等[1]提出利用二维重构的方法来解决人脸识别中的姿态问题，将带有姿态角度的人脸统一转换为正面人脸。其本质就是利用了带有姿态角度的人脸图像与正面人脸图像之间存在着不变量属性这一特性，但是该方法必须要经过图像重构，存在着无法克服的重构误差。尤其对于 KPCA 方法来说，通过基空间生成特征空间没有唯一解，计算非常复杂，因此这引起我们进一步思考：是否一定要经过重构以后再进行识别？可否直接利用姿态转换后的特征向量直接进行识别？本章以姿态转换思想为出发点，在研究 2D 灰度图像的基础上，提出一种基于姿态转换的人脸人耳多模态识别新方法，探讨利用姿态转换思想克服姿态对人脸及人耳识别带来的不利影响，以及人脸人耳多模态识别的可行性和有效性。

5.1 姿态转换原理

在人脸或人耳识别中，姿态问题一直都是困扰研究人员的挑战性问题。然而无论在国内，还是在国外，有关人耳识别这方面的研究相对比较少，大部分的研究人员都把焦点集中在人脸识别有关姿态问题的研究上。现存应用于不同姿态的 2D 人脸识别方法主要有以下几类。一类是由 Cootes 等[2,3]提出的主动表观模型（Active appearance model）方法，其将可变人脸模型不断调整，直到与输入图像相匹配，并将控制参数作为特征矢量进行分类；另一类是将输入图像转变成与系统存储的原型脸相同姿态的图像，然后用转换后的图像进行匹配识别，如 Beymer[4]提出的方法，以及被 Poggio[5]和 Vetter[6]改进与完善的方法；第三类是由 Nayar 等[7]提出的基于不同视角的特征空间法，并被 Graham 等[8]应用于人脸识别；另外，Lee 等[1]提出利用特征空间转换矩阵将带有姿态的人脸图像转换成正面人脸图像，然后再进行识别。

姿态转换方法是利用姿态转换矩阵将带有姿态的图像特征集或者其他一些图像表示空间，转换为不带姿态的图像特征集或者图像表示空间的方法，可以表示为

$$\boldsymbol{Q}^F=\boldsymbol{Q}^P\boldsymbol{U} \tag{5.1}$$

式中，矩阵 $\boldsymbol{Q}^F$ 和 $\boldsymbol{Q}^P$ 分别表示不带姿态及带姿态图像特征集或其他图像表示空间；$\boldsymbol{U}$ 表示转换矩阵。

这种思想的依据主要有三点：首先，Troje 和 Bülthoff[9]认为，人类视觉系统能够识别不同姿态的特征，并且当测试和训练的图像姿态相同时，识别率会提高。其次，Vetter 和 Poggio[6]认为，人类具有充分利用先验信息的特点，如果能够准确地知道人类获得多姿态下身份识别的先验知识规则，就完全可以利用这些规则进行计算机视觉下不同姿态的特征识别。第三，虽然人类还没有发现在姿态特征与非姿态特征之间究竟存在着怎样的关联性规则，以及人类自身是如何利用这些规则来鉴别姿态特征的，但是可以肯定这种关联是确实存在的，姿态转换也是有意义的。

本章在此方法的启发下，利用基空间转换矩阵将带有姿态的人脸图像和人耳图像特征集分别转换成正面人脸图像和正侧面人耳图像特征集，最后用于识别。此外，为了探讨多模态识别的可行性和有效性，在获得姿态转换的人脸和人耳特征集后，分别采用串联、并联、CCA 和 KCCA 等方法将二者进行有效融合，然后利用分类器进行分类识别。

5.2　方法介绍

基于姿态转换的人脸人耳多模态识别方法主要分为两个阶段：姿态转换阶段和多模态融合阶段。在姿态转换阶段，将带有姿态的人脸图像特征集利用姿态转

换矩阵 $\boldsymbol{U}$ 转换为非姿态人脸图像特征集。同理，将带有姿态的人耳图像特征集利用姿态转换矩阵 $\boldsymbol{U}$ 转换为非姿态人耳图像特征集。在多模态融合阶段，将人脸和人耳图像特征集利用串联、并联、CCA 和 KCCA 等方法进行有效融合，并通过最近邻方法进行分类识别，其流程框图如图 5.1 所示。

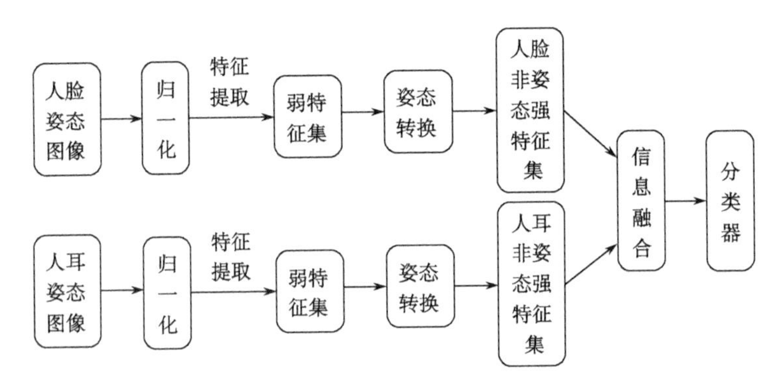

图 5.1　基于基空间姿态转换的人脸人耳多模态识别

由于姿态转换借助转换矩阵 $\boldsymbol{U}$ 完成，本章提出的转换矩阵依靠基空间计算得到。同时人脸、人耳图像均是一种高维数据表达方式，直接用来进行科学计算是不切实际的，需要将它们由高维空间转换到低维空间，提取有效特征来进行分类识别。所以，下面详细介绍特征提取及基空间的计算过程。

5.2.1　特征提取与基空间的计算

特征提取是姿态转换的关键环节，其优劣直接关系到姿态转换后特征的质量。一般情况下，要求所提取的特征既要有足够的独特性能够准确地进行类别之间的区分，又要有足够的稳定性能够有效克服一定的外界环境变化。由于主成分分析（PCA）和核主成分分析（KPCA）是两种经典的生物特征提取算法，在人脸识别上均有突出的表现，所以本章尝试利用 PCA 和 KPCA 两种子空间表示方法进行特征提取并计算基空间。下面简单介绍这两种方法的基本理论。

1）主成分分析方法

PCA 是一种线性子空间表示方法[10]，其思想来源于 K-L 变换，即在均方误差最小意义下的最优正交变换。因此无论从特征空间降维的角度考虑，还是从优化模式分类的角度考虑，它无疑都是一种令人满意的方法。

首先求出训练样本的协方差矩阵，即

$$\boldsymbol{C}=\frac{1}{N}\sum_{i=1}^{N}(\boldsymbol{x}_i-\varepsilon[\boldsymbol{x}])(\boldsymbol{x}_i-\varepsilon[\boldsymbol{x}])^{\mathrm{T}} \tag{5.2}$$

式中，$\boldsymbol{x}_i$ 代表任意一幅图像样本，且为 n 维列向量，$i=1, \cdots, N$ 为训练样本个数；$\varepsilon[\boldsymbol{x}]$ 为 N 幅图像样本的平均列向量。

然后求取样本协方差矩阵 $\boldsymbol{C}$ 的本征向量集 $\boldsymbol{W}=(\boldsymbol{w}_1, \cdots, \boldsymbol{w}_m)$，$m\leqslant n$，$\boldsymbol{w}_k$ 为第 k 大本征值所对应的本征列向量，也称为第 k 个基，并且这 m 个基是彼此正交的，$\boldsymbol{W}$ 称为基空间。

为了提取任意一幅 n 维图像 $\boldsymbol{x}_i$ 的主成分（特征值），n 为图像像素数，只需计算

$$\boldsymbol{s}_i=\boldsymbol{W}^{\mathrm{T}}(\boldsymbol{x}_i-\varepsilon[\boldsymbol{x}]),\quad i=1, \cdots, N \tag{5.3}$$

这样，无论训练样本图像，还是测试样本图像，都可以降维成由 m 个主成分组成的 m 维特征列向量。由这些特征列向量组成的集合构成特征集或特征空间 $\boldsymbol{S}=\{\boldsymbol{s}_1, \cdots, \boldsymbol{s}_N\}$。

2）核主成分分析方法（kernal PCA，KPCA）

KPCA[11] 的目的是寻找输入图像经映射后的高维空间的主成分。首先利用一个非线性映射 $\boldsymbol{\Phi}$ 将训练样本图像 $\boldsymbol{x}_i$ 映射到高维空间 $\boldsymbol{F}$ 中，$i=1, \cdots, N$ 为训练样本个数，且假设已中心化，即满足 $\sum_{i=1}^{N}\boldsymbol{\Phi}(\boldsymbol{x}_i)=0$，然后计算经映射后高维空间中样本图像的协方差矩阵

$$\boldsymbol{C}'=\frac{1}{N}\sum_{i=1}^{N}\boldsymbol{\Phi}(\boldsymbol{x}_i)\boldsymbol{\Phi}(\boldsymbol{x}_i)^{\mathrm{T}} \tag{5.4}$$

根据

$$\lambda\boldsymbol{v}=\boldsymbol{C}\boldsymbol{v} \tag{5.5}$$

求协方差矩阵 $\boldsymbol{C}'$ 的本征值（$\lambda\geqslant 0$）以及对应的本征向量 $\boldsymbol{v}_k$（$k=1, \cdots, m$）。由于所有本征向量 $\boldsymbol{v}_k$ 均可表示为高维空间 $\boldsymbol{F}$ 中样本 $\boldsymbol{\Phi}(\boldsymbol{x}_i)$ 的线性张量

$$\boldsymbol{v}_k = \sum_{i=1}^{N} \boldsymbol{w}_k^i \boldsymbol{\Phi}(\boldsymbol{x}_i) \tag{5.6}$$

考虑等式

$$\lambda(\boldsymbol{\Phi}(\boldsymbol{x}_i)\boldsymbol{v}) = \boldsymbol{\Phi}(\boldsymbol{x}_i)\boldsymbol{C}\boldsymbol{v} \tag{5.7}$$

定义一个 $N \times N$ 的有序核函数矩阵 $K_{ij} = K(\boldsymbol{x}_i, \boldsymbol{x}_j) = (\boldsymbol{\Phi}(\boldsymbol{x}_i), \boldsymbol{\Phi}(\boldsymbol{x}_j))$，将式（5.4）、式（5.6）代入式（5.7），并得到

$$N\lambda\boldsymbol{w} = \boldsymbol{K}\boldsymbol{w} \tag{5.8}$$

由于最初的核变换不能保证 $\sum_{i=1}^{N} \boldsymbol{\Phi}(\boldsymbol{x}_i) = 0$，所以需要对核矩阵 $\boldsymbol{K}$ 进行归一化处理，即[12]

$$K_{ij} = (\boldsymbol{K} - \boldsymbol{A}_c\boldsymbol{K} - \boldsymbol{K}\boldsymbol{A}_c + \boldsymbol{A}_c\boldsymbol{K}\boldsymbol{A}_c)_{ij} \tag{5.9}$$

式中，$\boldsymbol{A}_c$ 为 $N \times N$ 矩阵，$(\boldsymbol{A}_c)_{ij} = 1/N$。

则特征值等式（5.8）可以写为

$$N\lambda\boldsymbol{w} = \widetilde{\boldsymbol{K}}\boldsymbol{w} \tag{5.10}$$

根据式（5.10）得到一组非零本征值（$\lambda \geqslant 0$），以及对应的满足归一化条件式（5.11）的本征向量 $\boldsymbol{w}_k (k=1, \cdots, m)$，即

$$\lambda_k(\boldsymbol{w}_k, \boldsymbol{w}_k) = 1 \tag{5.11}$$

式中，$\boldsymbol{w}_k$ 为第 k 大本征值对应的本征列向量，也称为第 k 个基向量，并且这 m 个基向量是彼此正交的，$\boldsymbol{W} = (\boldsymbol{w}_1, \cdots, \boldsymbol{w}_m)$，$m \leqslant n$，$\boldsymbol{W}$ 称为基空间。

对于任意一幅 n 维图像 $\boldsymbol{x}_i$，$i=1, \cdots, N$ 为训练样本个数，n 为图像像素数。为了提取其非线性主成分，只需在高维空间 $\boldsymbol{F}$ 中计算该样本映射后 $\boldsymbol{\Phi}(x_i)$ 在本征向量 $\boldsymbol{v}_k (k=1, \cdots, m)$ 上的投影，同时将式（5.6）代入，可以得到

$$\boldsymbol{s}_i^k = (\boldsymbol{v}_k, \boldsymbol{\Phi}(\boldsymbol{x}_i)) = \sum_{j=1}^{N} \boldsymbol{w}_k^j \widetilde{\boldsymbol{K}}(\boldsymbol{x}_i, x_j) \tag{5.12}$$

将所有 $\boldsymbol{\Phi}(x_i)$ 在 $\boldsymbol{v}_k$ 上的投影值形成一个列向量 $\boldsymbol{s}_i = (s_i^1, \cdots, s_i^m)^{\mathrm{T}}$，作为任意样本图像 $\boldsymbol{x}_i$ 的特征列向量。由这些特征列向量组成的集合构成特征集或特征空间 $\boldsymbol{S} = \{\boldsymbol{s}_1, \cdots, \boldsymbol{s}_N\}$。

5.2.2 姿态图像特征空间的姿态转换

利用 PCA 和 KPCA 计算得到特征集和基空间以后，便可以计算空间转换矩

阵$\boldsymbol{U}$，然后利用转换矩阵$\boldsymbol{U}$将带有姿态的人脸和人耳图像特征集转换为不带姿态的人脸和人耳图像特征集。

图 5.2 显示了侧面人脸图像和带姿态人脸图像及其各自的基空间，其中侧面人脸图像和带姿态人脸图像的基空间分别用$\boldsymbol{W}_{\text{face}}^{F}$和$\boldsymbol{W}_{\text{face}}^{P}$表示。

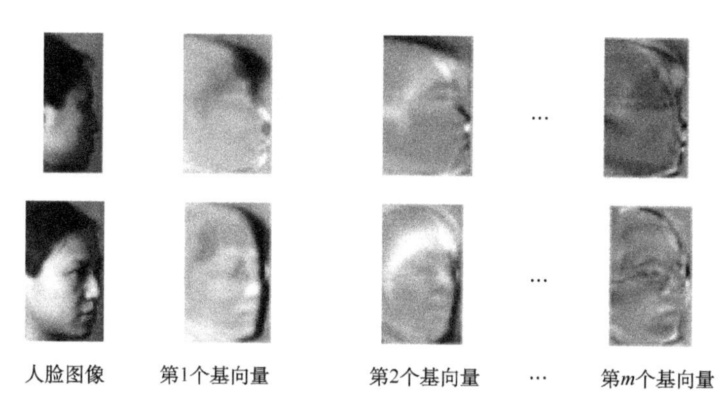

图 5.2　侧面人脸图像与带姿态人脸图像的基空间表示

同理，图 5.3 显示了正侧面人耳图像和带姿态人耳图像及其各自的基空间，其中正侧面人耳图像和带姿态人耳图像的基空间分别用$\boldsymbol{W}_{\text{ear}}^{F}$和$\boldsymbol{W}_{\text{ear}}^{P}$表示。

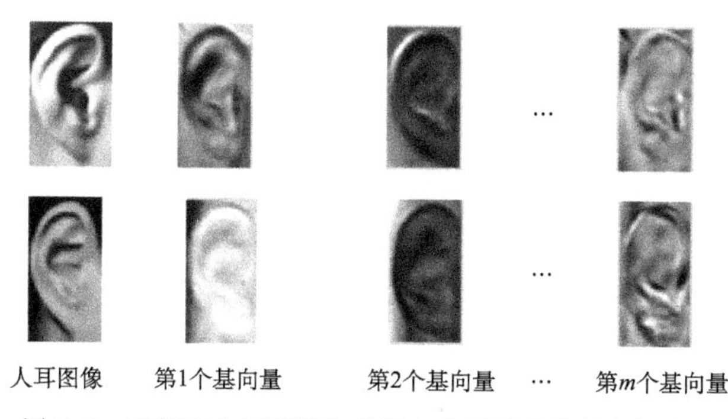

图 5.3　正侧面人耳图像与带姿态人耳图像的基空间表示

如前所述，在不带姿态图像的基空间$\boldsymbol{W}^{F}$和带姿态图像的基空间$\boldsymbol{W}^{P}$之间存在着一定的关联性。为了获取这种关联性，设一个$m \times m$维的方阵U，且满足

$$\boldsymbol{W}^{F} = \boldsymbol{W}^{P}\boldsymbol{U} \tag{5.13}$$

通常情况下基空间$\boldsymbol{W}$的行数大于列数，所以在$(\boldsymbol{W}^{P})^{\mathrm{T}}\boldsymbol{W}^{P}$为非奇异的情况

下，转换矩阵 $\boldsymbol{U}$ 为

$$\boldsymbol{U}=((\boldsymbol{W}^{P})^{\mathrm{T}}(\boldsymbol{W}^{P}))^{-1}(\boldsymbol{W}^{P})^{\mathrm{T}}(\boldsymbol{W}^{F}) \tag{5.14}$$

其中，T 为转置。又因为在不带姿态图像的特征空间 $\boldsymbol{S}^{F}$ 与带姿态图像的特征空间 $\boldsymbol{S}^{P}$ 之间的关系为[1]

$$(\boldsymbol{S}^{F})^{\mathrm{T}}=(\boldsymbol{S}^{P})^{\mathrm{T}}\boldsymbol{U} \tag{5.15}$$

式中，$\boldsymbol{S}^{P}$ 为带有姿态的人脸或是人耳图像特征集，$\boldsymbol{S}^{P}=(\boldsymbol{s}_1^{P},\cdots,\boldsymbol{s}_N^{P})$，$N$ 为样本图像个数，$\boldsymbol{s}_i^{P}$ 为第 i 幅带有姿态的人脸或是人耳图像的特征列向量；$\boldsymbol{S}^{F}$ 为利用姿态转换矩阵 $\boldsymbol{U}$ 新生成的侧面人脸图像或正侧面人耳图像的特征集，$\boldsymbol{S}^{F}=(\boldsymbol{s}_1^{F},\cdots,\boldsymbol{s}_N^{F})$，$\boldsymbol{s}_i^{F}$ 为新生成的第 i 幅侧面人脸图像或正侧面人耳图像的特征列向量，且与 $\boldsymbol{S}^{P}$ 中的特征列向量 $\boldsymbol{s}_i^{P}$ 一一对应。将式（5.14）代入式（5.15）即可求出 $\boldsymbol{S}^{F}$。

图 5.4 仅以某个姿态角度的人脸为例，给出了基于基空间姿态转换的多姿态人脸识别方法的基本过程。

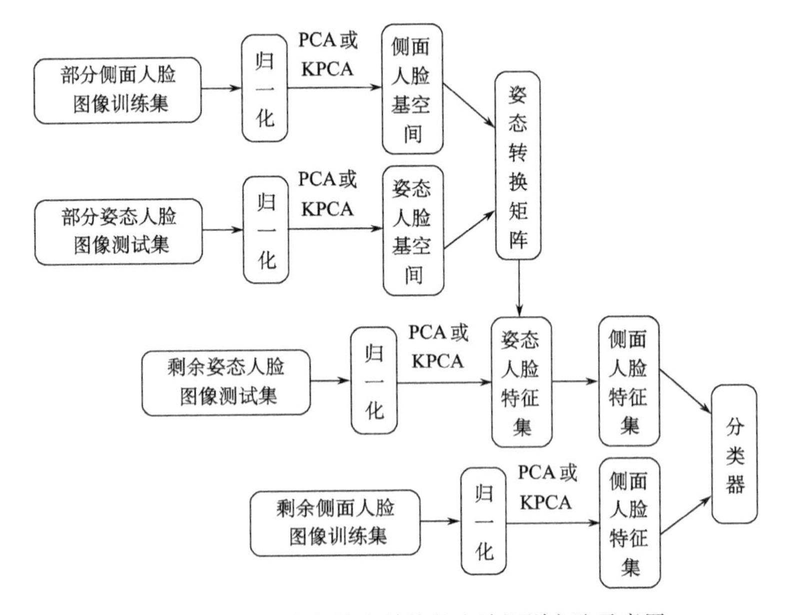

图 5.4　基于基空间姿态转换的人脸识别方法示意图

5.2.3　人脸与人耳的信息融合

按照上述方法获得姿态转换的人脸或人耳图像的特征集 $\boldsymbol{S}_{\text{face}}^{F}$ 和 $\boldsymbol{S}_{\text{ear}}^{F}$ 以后，就可以将这两种生物特征进行有效融合，然后用于识别。

本章使用串联[13]、并联[13]、CCA[14] 和 KCCA[15] 四种方法作为特征层融合策略，由于四种方法在前面均做过详细介绍，这里不再赘述。

5.2.4　分类器设计

在模式识别中，最近邻无疑是一种简单易行的好方法。令 $\boldsymbol{D}^{n}=\{\boldsymbol{x}_1,\cdots,\boldsymbol{x}_n\}$，其中每一个样本 $\boldsymbol{x}_i$ 所属的类别均已知（已标记）。对于测试样本点 $\boldsymbol{x}$，在集合 $\boldsymbol{D}^{n}$ 中距离它最近的点记为 $\boldsymbol{x}'$。那么，最近邻规则的分类方法就是把点 $\boldsymbol{x}$ 分为 $\boldsymbol{x}'$所属的类别。

在设计最近邻分类器时，需要一个衡量模式（样本）之间距离的度量函数。但是距离的概念本身要广义得多，有很多种类的距离度量方式，如 Minkowski 距离、Tanimoto 距离、切空间距离等。本章对单模态实验和多模态实验，均选择了欧氏距离函数的最近邻分类器进行分类识别，即[16]

$$d=\min\sqrt{(\boldsymbol{x}-\boldsymbol{x}_i)(\boldsymbol{x}-\boldsymbol{x}_i)'},\qquad \boldsymbol{x}_i\in D^{n} \tag{5.16}$$

式中，$\boldsymbol{x}$ 为待测试样本的特征向量；$\boldsymbol{x}_i$ 为所有训练样本的特征向量，将 $\boldsymbol{x}$ 归为与之距离最近的 $\boldsymbol{x}_i$ 那一类。

5.3　实验与讨论

5.3.1　实验设计

本章实验采用作者所在人耳识别团队建立的图像库[17]中的图像，图像库 1 共 79 人，其中选用了正侧面 0°，向右旋转 5°、20°、35°和 45°五种姿态情况，每种情况两幅图像，经手动分割得到，如图 3.2 所示。实验过程中统一将人耳图像归一化为 116×60 像素，人脸图像归一化为 290×169 像素。训练时使用 59 人的五种人脸或人耳图像（分别为 59×5×2＝590 幅）来计算姿态转换矩阵，测试时使用剩下的 20 人的五种图像（人耳和人脸分别为 20×5×2=200 幅）计算识别率。

图像库 2 共 200 人，选择垂直右耳的拍摄视角，人头分别做平视、仰视、俯视、左摆和右摆五种姿态，如图 5.5 所示。且仅选用人耳图像作为识别对象，如图 5.6 所示。实验过程中统一将人耳图像归一化为 64×38 像素。训练时使用 160 人的 5 种人耳图像（160×5=800 幅）计算姿态转换矩阵，测试时使用剩下的 40 人的 5 种人耳图像（40×5=200 幅）计算识别率。

图 5.5　人头五种姿态实例

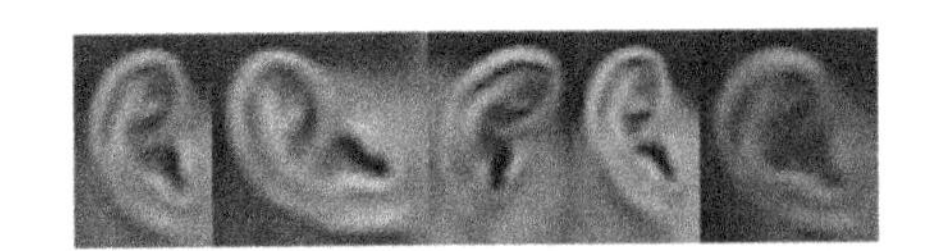

图 5.6　人耳五种姿态实例

5.3.2　实验步骤

为了更加清晰地说明基于基空间姿态转换的人脸人耳多模态识别方法的具体实现过程，下面给出了详细的步骤。为了叙述方便，仅以图像库 1 中 5°的人脸和人耳图像为例进行说明，其他姿态角度的图像方法相同。

第一步：将 59 人的正侧面（0°）人耳图像组成数据 $\boldsymbol{A}^F_{59\text{ear}}=(\boldsymbol{x}_{11}, \boldsymbol{x}_{12}, \cdots, \boldsymbol{x}_{n1}, \boldsymbol{x}_{n2})$，$\boldsymbol{x}_{i1}$，$\boldsymbol{x}_{i2}$（$i=1, \cdots, 59$）分别为第 i 个人的两幅图像，且均为列向量，由每幅图像中第一列像素至最后一列像素首尾相接组成。同理，这 59 人的 5°人耳图像可以组成数据集 $\boldsymbol{A}^P_{59\text{ear}}$，$F$ 代表没有姿态角度的图像，P 代表有姿态角度的图像。

第二步：将这两个人耳数据集利用 PCA（40 个基向量）和 KPCA（118 个基向量）进行降维，分别得到基空间 $\boldsymbol{W}^F_{59\text{ear}}$ 和 $\boldsymbol{W}^P_{59\text{ear}}$，然后利用式（5.14）求出 5°人耳的姿态转换矩阵 $\boldsymbol{U}_{\text{ear}}$。

第三步：将剩下的 20 人的正侧面（0°）人耳图像和 5°人耳图像按照第一步介绍的方法组成数据集 $\boldsymbol{A}_{20\mathrm{ear}}^{F}$ 和 $\boldsymbol{A}_{20\mathrm{ear}}^{P}$，然后利用 PCA 和 KPCA 方法进行特征提取，分别得到特征集 $\boldsymbol{S}_{20\mathrm{ear}}^{F}$ 和 $\boldsymbol{S}_{20\mathrm{ear}}^{P}$，再将 $\boldsymbol{S}_{20\mathrm{ear}}^{P}$ 利用第二步求得的姿态转换矩阵 $\boldsymbol{U}_{\mathrm{ear}}$ 和式（5.15）生成正侧面人耳图像特征集 $(\boldsymbol{S}_{20}^{F})_{\mathrm{new\_ear}}$。

第四步：将侧面（0°）人脸图像和 5°人脸图像重复上述第一步至第三步，可以分别得到侧面人脸图像的特征集 $\boldsymbol{S}_{20\mathrm{face}}^{F}$ 和新生成的侧面人脸图像特征集 $(\boldsymbol{S}_{20}^{F})_{\mathrm{new\_face}}$。

第五步：将得到的正侧面人耳图像特征集 $\boldsymbol{S}_{20\mathrm{ear}}^{F}$ 和侧面人脸图像特征集 $\boldsymbol{S}_{20\mathrm{face}}^{F}$ 作为训练样本，新生成的正侧面人耳图像特征集 $(\boldsymbol{S}_{20}^{F})_{\mathrm{new\_ear}}$ 和侧面人脸图像特征集 $(\boldsymbol{S}_{20}^{F})_{\mathrm{new\_face}}$ 作为测试样本，分别采用串联、并联、CCA 和 KCCA 方法进行融合，得到训练样本的融合特征集 $\boldsymbol{Z}_{20}^{F}$ 和测试样本的融合特征集 $(\boldsymbol{Z}_{20}^{F})_{\mathrm{new}}$，并使用最近邻方法进行分类识别。

5.3.3 实验结果与分析

1）单生物特征识别率比较

本章利用 PCA 和 KPCA 两种方法提取特征，且 KPCA 与融合策略 KCCA 均选用 Gaussian 核函数，也就是径向基核函数，即 $k(\boldsymbol{x}_i, \boldsymbol{x}_j)=\exp\left(-\frac{\|\boldsymbol{x}_i-\boldsymbol{x}_j\|^2}{2\sigma^2}\right)$。

实验过程中将姿态转换方法分别应用于人脸或人耳图像，即实验步骤中的第一步至第四步，并用最近邻方法对人脸或人耳特征集 $\boldsymbol{S}$ 分别进行分类识别。图像库 1的人脸或人耳使用姿态转换矩阵前后的识别率如表 5.1 和表 5.2 所示。

表 5.1　人脸识别结果比较　（单位：%）

方法	5°	20°	35°	45°
无转换＋PCA	45	30	20	22.5
无转换＋KPCA	57.5	40	20	30
转换＋PCA	50	35	27.5	30
转换＋KPCA	72.5	47.5	30	35

表 5.2 人耳识别结果比较 （单位：%）

方法	5°	20°	35°	45°
无转换＋PCA	97.5	32.5	15	10
无转换＋KPCA	100	87.5	62.5	35
转换＋PCA	97.5	82.5	72.5	55
转换＋KPCA	100	85	77.5	60

从表 5.1 和表 5.2 的识别结果可以得出如下结论。

(1) 不管是否使用姿态转换矩阵，KPCA 方法的识别率都要高于 PCA 方法。这是因为 PCA 方法提取特征时只考虑了图像数据中的二阶统计信息，而 KPCA 方法能够充分考虑输入数据的高阶非线性统计信息，所以能够取得更好的识别效果。

(2) 利用姿态转换方法可以有效地提高识别效果。在小角度旋转的情况下，姿态转换方法的优势并不明显，但是当角度增大到一定程度时，姿态转换的优势便凸显出来。尤其在图像库 1 中45°的情况下，没有经过姿态转换方法的人耳识别率只有 10%，但经过姿态转换以后，识别率明显提高，达到 60%[18]。

另外上述实验中，人脸图像识别率普遍比人耳图像识别率低，其原因和 3.4.3 节中介绍的相同，这里不再赘述。

由于图像库 1 中的图像有确定的角度，为了测试一定角度范围内非确定角度下姿态转换方法的有效性，本章还对图像库 2 的人耳图像进行了实验。因为该库中测试者的座椅虽然固定在圆心，但是不同测试者在座椅上所坐的位置并不完全相同，会有一些偏差，所以摄像头的拍摄角度会有误差，导致不同测试者虽然在相同视角下拍摄，但图像角度却不完全相同。图 5.7 显示了测试者所坐的位置稍微偏差后的情况。

从图 5.7 中可以看出，假设测试者所坐位置稍微靠后，如图中虚线所示（实线为正确位置，被试坐在圆心处，圆周上均匀分布 17 个摄像头，间隔角度为 15°），那么拍摄图像的角度就会产生很大的偏差，更何况每位测试者偏离的方向不尽相同。由于姿态转换前期使用 PCA 和 KPCA 方法进行降维，并计算基空间和特征空间，而这两种方法属于全局方法，所以众多测试者位置差异会对后期识别结果造成很大的影响。

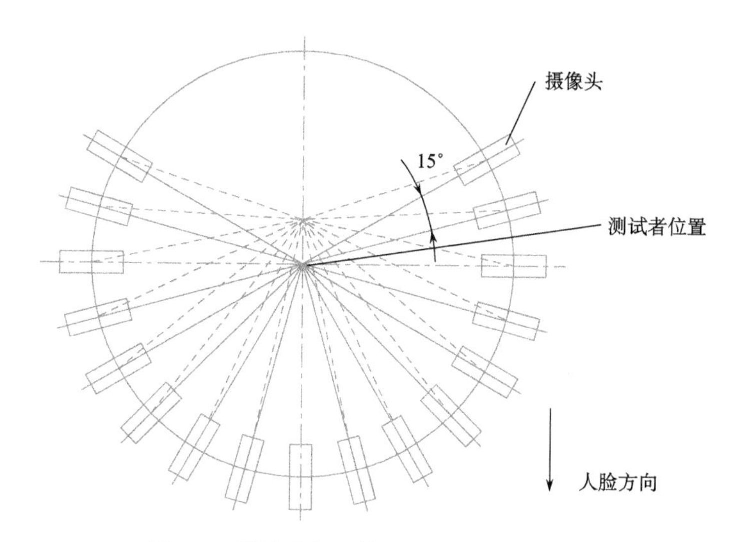

图 5.7　测试者位置偏后所造成的拍摄误差

另外，测试者所做的平视、仰视、俯视、左摆和右摆这五种姿态没有硬性的角度规定，以人体自然状态为准，所以不同测试者的人头偏转角度差异较大，如图 5.8 所示。与被试位置差异的原因相同，所做姿态角度的差异同样也会对后期识别结果造成很大影响。

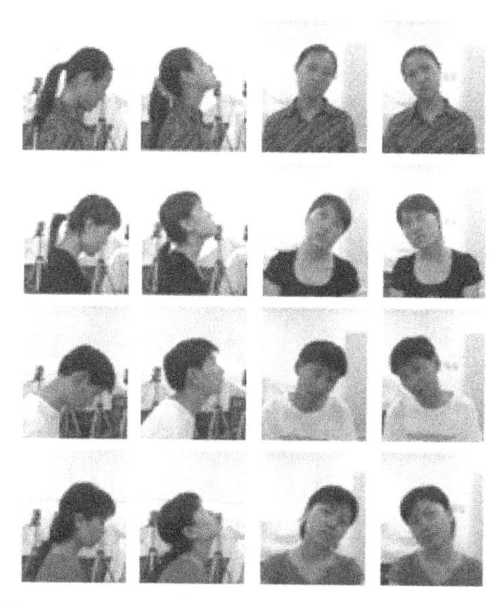

图 5.8　不同测试者相同姿态下的图像角度差异

综上所述，不同测试者在相同姿态下和相同拍摄视角下的人头偏转角度差异很大，30°或 40°的角度差异是非常普遍的，因此使用图像库 2 做实验具有很大的挑战性。

实验时使用平视图像做训练，用仰视、俯视、左摆和右摆图像做测试，实验步骤同 5.5.2 节介绍的大致相同，这里不再赘述。PCA 选用 40 个基向量，KPCA 选用 160 个基向量，使用姿态转换矩阵前后的识别率如表 5.3 所示。

表 5.3　人耳识别结果比较　（单位：%）

方法	仰视	俯视	左摆	右摆
无转换＋PCA	10	5	10	5
无转换＋KPCA	50	25	20	17.5
转换＋PCA	62.5	45	60	32.5
转换＋KPCA	65	50	60	35

从表 5.3 的识别结果可以看出。姿态转换方法不仅对确定角度的姿态图像有良好的表现，而且对一定范围内的非确定角度的姿态图像同样有效，表明该方法对于一定范围内的角度变化具有良好的容忍性和稳定性。

另外，图 5.9 将本章提出的基空间转换方法与 Lee 等[1]提出的二维图像重构方法分别应用于图像库 1 中的人耳图像（单模态实验中进行测试的 20 人的人耳

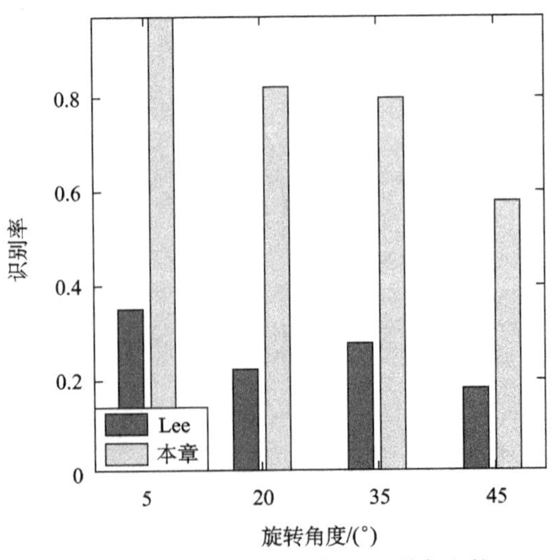

图 5.9　不同姿态转换方法识别率比较

图像)，并进行了比较，这里特征提取仅使用了 PCA 方法。

之所以会出现这样的结果，是因为 Lee 等提出的方法需要经过图像重构的过程，无法克服的重构误差严重影响了识别效果。另外，人脸具有明显的特征信息，如眼睛、鼻子、嘴等，而人耳的沟徊、脊等特征信息远没有人脸丰富，因此对于带有姿态的人耳图像和正侧面人耳图像来说，基空间之间的相关性比特征空间之间的相关性更大，本章提出的方法识别率表现更好。

2）多模态生物特征识别率比较

为了测试多模态生物特征识别方法的可行性和有效性，本章针对图像库 1 中进行单模态测试实验的 20 人的人脸和人耳图像，选用串联[13]、GPCA 并联[13]（40 个基向量)、CCA[14]（40 个基向量）和 KCCA[15]（40 个基向量）四种融合策略对人耳和人脸特征集 $\boldsymbol{S}$ 进行有效融合。其中，KCCA 选用了 Gaussian 核函数，也就是径向基核函数。最后将融合特征集 $\boldsymbol{Z}$ 用欧氏距离函数的最近邻方法进行分类识别，具体识别结果如表 5.4 所示。

表 5.4　融合识别结果比较（无转换：N；转换：P）　（单位：%）

方法	5°	20°	35°	45°
N+PCA+串联	95	75	65	77.5
N+PCA+并联	92.5	67.5	62.5	70
N+PCA+CCA	55	42.5	40	47.5
N+PCA+KCCA	77.5	45	25	27.5
N+KPCA+串联	95	92.5	50	42.5
N+KPCA+并联	95	90	47.5	47.5
N+KPCA+CCA	82.5	77.5	37.5	30
N+KPCA+KCCA	65	70	35	22.5
P+PCA+串联	90	90	60	40
P+PCA+并联	82.5	85	52.5	35
P+PCA+CCA	72.5	82.5	47.5	32.5
P+PCA+KCCA	100	77.5	55	25
P+KPCA+串联	85	77.5	62.5	40
P+KPCA+并联	75	52.5	45	22.5
P+KPCA+CCA	77.5	42.5	35	32.5
P+KPCA+KCCA	100	85	45	25

从表 5.4 的实验数据中可以得出如下结论。

(1) 利用特征层融合策略可以有效地提高识别效果，本实验显示总体上串联方法效果最佳，并联次之，KCCA 最差。另外，人脸和人耳单独测试时识别率相差越小，融合以后识别率提高就会越显著。例如，45°没有进行姿态转换，且使用 PCA 方法时，虽然人脸识别率仅为 22.5%，人耳识别率仅为 10%，但是使用串联融合方法可以使识别率增加到 77.5%[19]。

(2) 表中部分数据显示融合后识别率不但没有增加，反而有所下降。通过分析得知这是由人脸和人耳的识别率相差悬殊造成的，但融合以后的识别率也会比单生物特征中识别率较差的好很多。例如，45°进行姿态转换，且使用 KPCA 方法时，虽然人耳识别率高达 60%，但由于人脸识别率仅为 35%，两者相差悬殊，通过串联融合方法得到的识别率仅为 40%，但仍然高于单独人脸时的识别率。这是因为在信息融合过程中，信息质量差的生物特征不但没有提供有效信息，反而转变成干扰源，影响了最终的识别结果。

5.4 本章小结

本章利用不同姿态下的人脸图像之间或人耳图像之间存在着一定的关联性这一特性，提出了一种基于姿态转换的多模态识别新方法，将带有姿态的人脸图像或人耳图像特征集利用基空间姿态转换矩阵转换成侧面人脸图像特征集或正侧面人耳图像特征集，并通过融合策略，将两种生物特征集进行有效融合。实验结果表明，当对带有姿态的人脸图像或人耳图像进行匹配识别时，尤其在大角度姿态变化下，姿态转换方法表现出了显著的优势；姿态转换方法不仅对确定角度的姿态图像有良好的表现，而且对一定范围内的非确定角度的姿态图像同样有效，表明该方法对于一定范围内的角度变化具有良好的容忍性和稳定性；利用有效的融合方法，可以大大提高单生物特征识别系统的鲁棒性和准确性，尤其是在融合前人脸和人耳识别率大体相当时，融合结果改善显著；但当识别率相差悬殊时，融合结果非但没有改善，反而会变差，这是由于信息融合过程中，信息质量差的生物特征不但没有提供有效信息，反而转变成干扰源，影响了最终的识别结果。

参考文献

[1] Lee H S, Kim D J. Generating frontal view face image for pose invariant face recognition. Pattern Recognition Letters, 2006, (27): 747-754.

[2] Cootes T F, Edwards G J, Taylor C J. Active appearance models. The 5th European Conference on Computer Vision (ECCV), Freiburg, 1998: 484-498.

[3] Cootes T F, Edwards G J, Taylor C J. Active appearance models. IEEE Transactions on Pattern Analysis and Machine Intelligence, 2001, 23 (6): 681-685.

[4] Beymer D J. Face recognition under varying pose. International Conference on Computer Vision and Pattern Recognition (CVPR), Seattle, 1994: 756-761.

[5] Beymer D J, Poggio T. Face recognition from one example view. The 5th International Conference Computer Vision, Boston, 1995: 500-507.

[6] Vetter T, Poggio T. Linear object classes and image synthesis from a single example. Image, 1997, 19 (7): 733-742.

[7] Nayar S K, Murase H, Nene S A. Parametric appearance representation. Early Visual Learning, 1996: 131-160.

[8] Graham D B, Allinson N M. Face recognition from unfamiliar views: subspace methods and pose dependency. The 3rd IEEE International Conference on Automatic Face and Gesture Recognition, Nara, 1998: 348-353.

[9] Troje N, Bülthoff H. Face recognition under varying poses: The role of texture and shape. Vision Research, 1996, 36 (12): 1761-1771.

[10] Feng G C, Yuen P C, Dai D O. Human face recognition using PCA on wavelet subband. Journal of Electronic Imaging, 2000, 9 (2): 226-233.

[11] Xu Y, Zhang D, Song F X, et al. A method for speeding up feature extraction based on KPCA. Neurocomputing, 2007, 70 (4-6): 1056-1061.

[12] Yang M H. Kernel Eigenfaces vs Kernel Fisherfaces: Face recognition using kernel methods. The 5th IEEE International Conference on Automatic Face and Gesture Recognition, Washington D C, 2002: 215.

[13] Yang J, Yang J Y, Zhang D, et al. Feature fusion: Parallel strategy vs serial strategy. Pattern Recognition, 2003, (36): 1369-1381.

[14] Sun T K, Chen S C. Locality Preserving CCA with applications to data visualization and

pose estimation. Image and Vision Computing，2007，25 (5)：531-543.

[15] Huang S Y，Lee M H，Hsiao C K. Nonlinear measures of association with kernel canonical correlation analysis and applications. Statistical Planning and Inference，2009，139 (7)：2162-2174.

[16] Duda O R，Hart E P，Stork G D. 模式分类. 北京：机械工业出版社，2003：146，153-158.

[17] Yuan L，Mu Z C，Xu Z G. Using ear biometrics for personal recognition. International Workshop on Biometric Recognition Systems (IWBRS)，Beijing，2005：221-228.

[18] Wang Y，Mu Z C，Feng J. Ear recognition based on pose transformation. The 2nd International Conference on Intelligent Information Management Systems and Technology，Yantai，2007：149-152.

[19] Wang Y，Mu Z C，Feng J. Multimodal recognition based on pose transformation of ear and face images. The 5th International Conference on Wavelet Analysis and Pattern Recognition，Beijing，2007：1350-1355.

第6章　人脸人耳多模态标准图像库的构建与完善

任何一种生物特征识别技术的相关研究都离不开标准图像库的构建和相应评测体系的制订，只有这样，相关算法的设计和比较才能在一个公平、公正的平台上进行测试，并得到真实、可靠、有信服力的实验结果和数据。因此，建立一套完备的人脸人耳图像库对人脸识别、人耳识别以及人脸人耳多模态融合识别技术的研究与发展是极其重要的。

因为本书的重点是人脸人耳多模态生物特征识别技术的相关研究工作，所以本章重点介绍现存比较经典的人脸图像库与人耳图像库。此外，本章详细阐述了作者在攻读博士学位期间组织并参与构建的人脸人耳图像库等相关工作，包括图像库的设计、环境搭建以及图像获取等过程，并在此感谢与我一同完成此项工作的张娟、李炜、冷加福、李东升等。

6.1　人脸图像库简介

人脸识别是目前主流的生物特征识别技术之一，现存的用于科学研究的公共图像库很多。

6.1.1　M2VTS 多模态人脸图像库

M2VTS（multi modal verification for teleservices and security）项目由伦敦大学计划并实施，其主要目的是研究利用多模态融合策略（包括语音、人脸和其他信息等）在楼宇访问和多媒体服务等应用中自动验证或识别个体身份等相关工作[1]。

图像库提供了同步的视频和语音数据以及多视角人脸图像序列，可以用来进行设计和测试基于语音或唇动分析的身份识别、正面或侧面人脸分析以及 3D 分析（由于多视角视频序列的获取，所以该图像库可以进行 3D 人脸识别与分析）。

该数据库包括 37 人，每人 5 段视频序列。这些视频的拍摄至少间隔一个星期，或者期间有剧烈的姿态变化而历时 3 个月。在每段视频拍摄期间，要求被拍摄者用母语（一般情况下，这些参与拍摄的人母语是法语）从 0 数到 9；旋转人头从 0°到 90°（开始为 0°，然后逐渐增加至 90°，再逐渐减小至 0°）。此外，如果被试平时戴眼镜，则要求去除眼镜再进行一次相同的人头旋转。因此，这些视频包含三个组成部分：声音序列、动作序列和摘掉眼镜的动作序列。第一部分序列可以用于语音识别和 2D 动态人脸识别（可以从序列中找出最合适的图像用于实验）。其他两组序列可以用于人脸识别，并且由于多视角视频的获取可以提供 3D 人脸特征，所以也可以进行 3D 人脸识别的相关研究。总之该数据库可以使用 2D 正面人脸、侧面人脸或多视角人脸图像进行人脸识别相关技术的测试和对比。值得一提的是，第 5 组视频包含很多人脸变化的不利因素（如人头倾斜、闭上眼睛、不同的发型、佩戴帽子和头巾、声音的变化等，或者由于相机聚焦差、不同的参数设置、较差的信噪比等造成的视频缺陷）可以用于复杂条件下人脸识别技术的相关研究工作。除了第 5 组视频用于特殊的目的，其他视频图像均是在恒定光照、一致灰度背景等约束环境下获取的高质量数据。

6.1.2 XM2VTSDB 人脸图像库

XM2VTSDB 图像库[2]是 M2VTS 工作的延伸和扩展。为了捕获被拍摄者的身体条件、发型、服装和心情等自然平稳的真实状态，被拍摄者在 5 个月内平均每个月拍摄一次，每次为一段连续的视频，可以用于人头分割、人眼检测、多模态生物特征识别、唇动分析和人脸 3D 表面建模等相关研究工作。

参与的被拍摄者包括两种性别、不同年龄、戴眼镜与不戴眼镜等多种情况，同时拍摄过程中被要求模仿对话的形式，需要按照指令做出某种人头姿态的动作。XM2VTSDB 数据库包括 295 人，每人 8 段视频，增加了更多的语音记录，可以用于多模态融合算法的评估。每次拍摄的视频记录包含两个部分：语音视频和人头旋转视频。语音部分为对话过程中的正面人脸视频，人头旋转视频包括从中心到左、右、上、下的人头旋转动作。图 6.1 为人头旋转过程的视频图像；图 6.2为 5 个月内被拍摄者 4 次拍摄视频的外表变化；图 6.3 为语音视频记录，可以用于唇动分析的研究；图 6.4 为人头姿态视频图像，包括平视、左视 90°以及左右各 45°角的人脸图像。

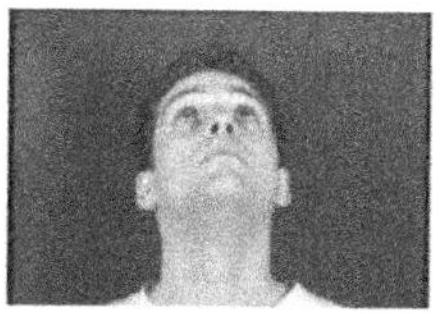
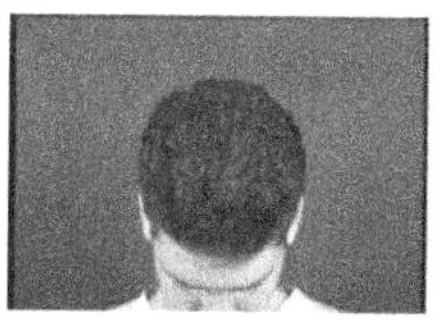

图 6.1　人头旋转视频实例[2]

(a) 第1次　(b) 第2次　(c) 第3次　(d) 第4次

图 6.2　不同时间间隔拍摄的视频实例[2]

图 6.3　语音视频实例[2]

(a) 平视　(b) 左视45°　(c) 左视90°　(d) 左视45°

图 6.4　人头姿态视频实例[2]

6.1.3　CAS-PEAL 人脸图像库

CAS-PEAL 图像库[3]是由中国科学院计算技术研究所设计并搭建，旨在为人脸识别的相关科学研究工作提供姿态、表情、配饰和光照（pose，expression，accessories，and lighting，PEAL）等图像源，大力发展人脸识别技术并提供一个大规模的蒙古族人人脸数据库，为少数民族人脸识别提供公共的测试平台。该数据库目前包含1040人，其中595名男性，445名女性，共99594幅图像。

拍摄过程中，安装在弧形支架上的9台照相机同时捕获人脸图像，搭建环境如图6.5所示。拍摄时要求被拍摄者做平视、仰视和俯视三种人头姿态，每人27幅姿态图像，如图6.6所示。此外，每人需要做六种人脸表情，包括标准、微笑、皱眉、惊讶、闭眼和张嘴（如图6.7所示），需要佩戴眼镜、帽子等不同饰物（如图6.8所示），并包括不同方位角和仰角的15种光照变化（如图6.9所示），以及不同背景（如图6.10所示）、不同时间间隔（如半年，如图6.11所示）、不同拍摄距离（如图6.12所示）等多种情况。其中的一个子库CAS-PEAL-R1（包含1040人，30863幅图像）已经公开发布。

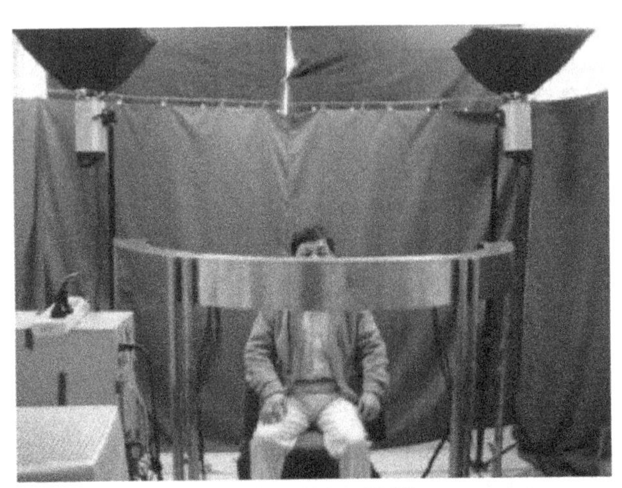

图6.5　拍摄环境[3]

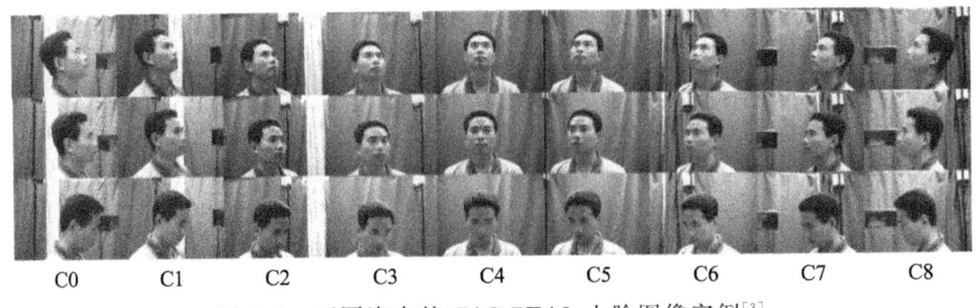

图6.6　不同姿态的CAS-PEAL人脸图像实例[3]

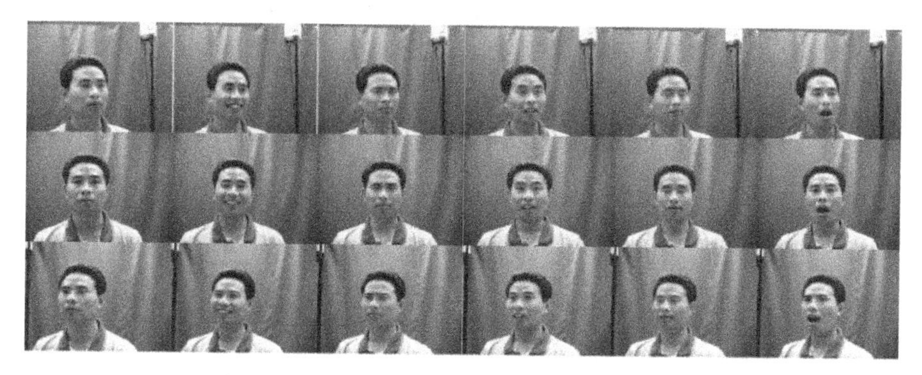

图 6.7 不同表情的 CAS-PEAL 人脸图像实例[3]

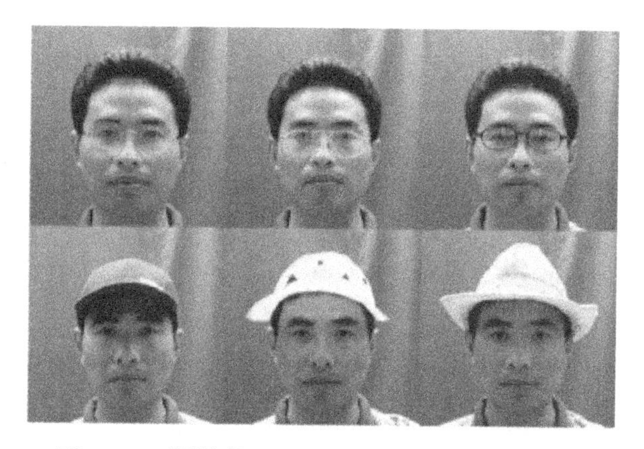

图 6.8 不同饰物的 CAS-PEAL 人脸图像实例[3]

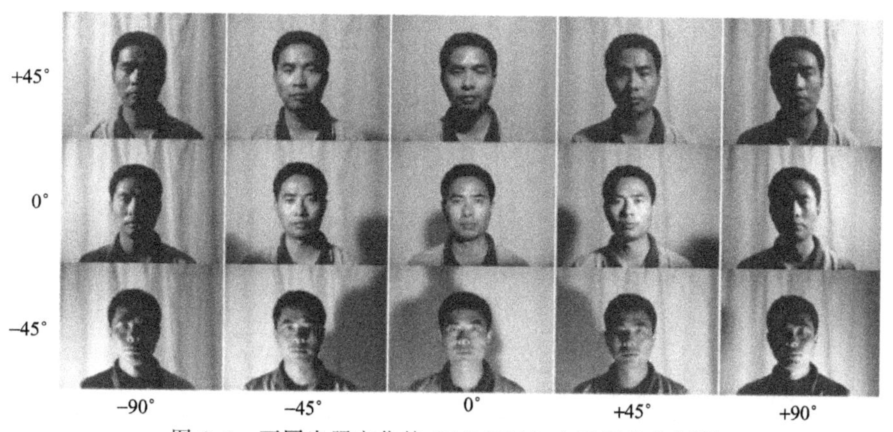

图 6.9 不同光照变化的 CAS-PEAL 人脸图像实例[3]

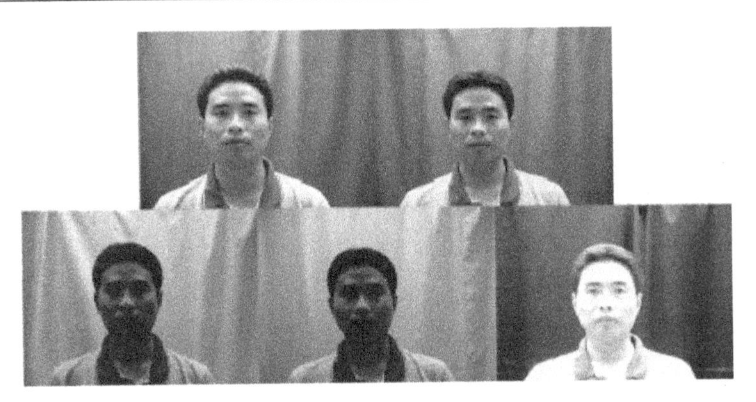

图 6.10 不同背景的 CAS-PEAL 人脸图像实例[3]

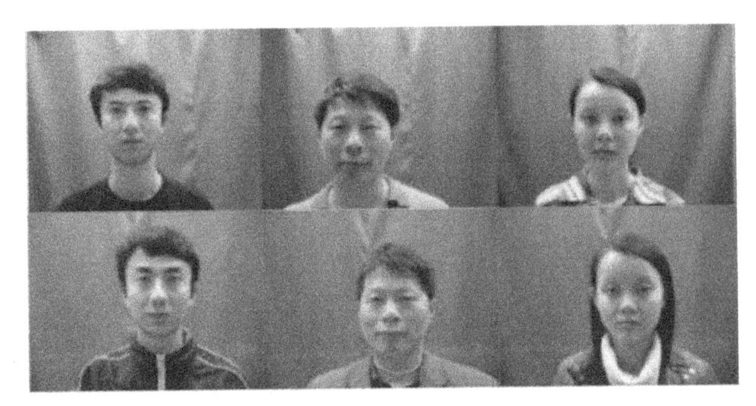

图 6.11 不同时间间隔的 CAS-PEAL 人脸图像实例[3]

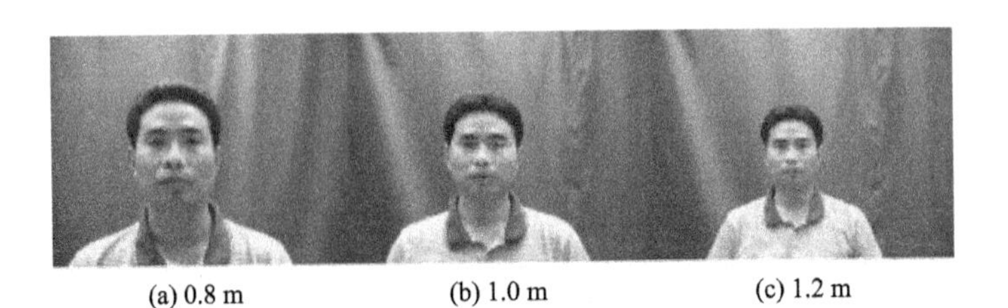

(a) 0.8 m (b) 1.0 m (c) 1.2 m

图 6.12 不同拍摄距离的 CAS-PEAL 人脸图像实例[3]

6.1.4 FERET 人脸图像库

FERET 人脸图像库[4]从 1993 年 8 月至 1996 年 7 月间共拍摄 15 次，历时三年，包含 1199 人，共有 14126 幅人脸图像。图像库在拍摄过程中，被拍摄者在表情、姿态、环境光照和捕获时间上都有所变化，每人拍摄 5～11 幅图像，如图 6.13 所示，图 6.13（b）与图 6.13（a）表情不同，图 6.13（d）使用不同的照相机和不同的环境光照，其他的图像均采自左侧和右侧不同的角度。有的图像子集增加了一些简单的变化，如佩戴眼镜、不同发型、间隔不同的时间（如间隔一年以内（图 6.13（c））或者间隔至少一年（图 6.13（e））。不同姿态图像如图 6.14 所示。

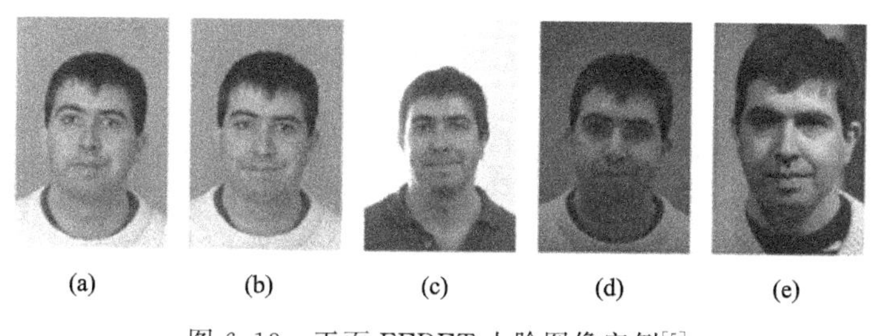

图 6.13　正面 FERET 人脸图像实例[5]

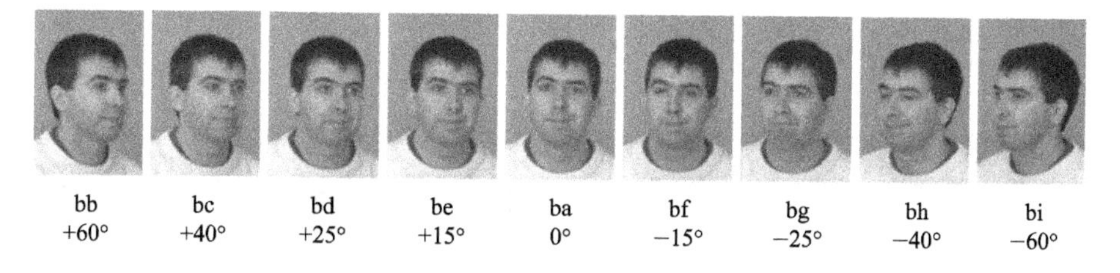

图 6.14　不同姿态的 FERET 人脸图像实例[5]

6.1.5　韩国人脸图像库

KFDB 韩国人脸图像库[6]包含不同姿态、光照和表情等情况，共 1000 人，52000 幅人脸图像，光照照明设备采取荧光灯和白炽灯两种，图像均在约束条件下获取。不同光照的人脸图像实例如图 6.15 所示，不同姿态的人脸图像实例如图 6.16 所示。

6.1.6　MPI 人脸图像库

马普所（max planck institute，MPI）人脸图像库[7]是使用激光扫描仪拍摄

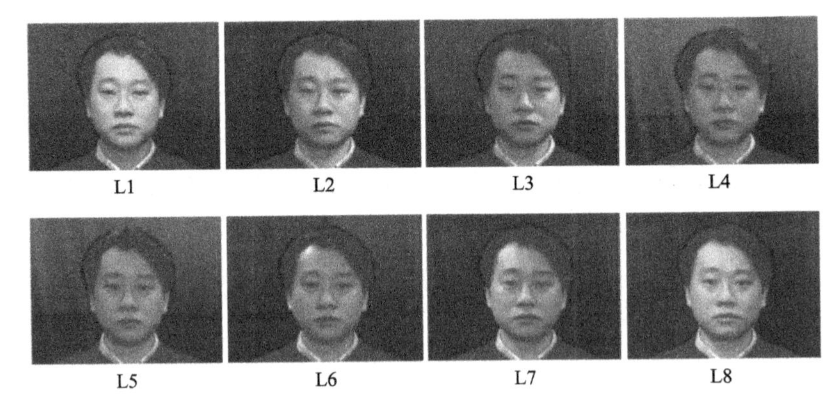

图 6.15 不同光照的韩国人脸图像实例[6]

图 6.16 不同姿态的韩国人脸图像实例[6]

的 3D 人脸数据库，包含 200 人，其中 100 名男性，100 名女性。此外，2D 人脸图像库包含七种姿态，如图 6.17 所示，第 1 行为女性，第 2 行为男性。

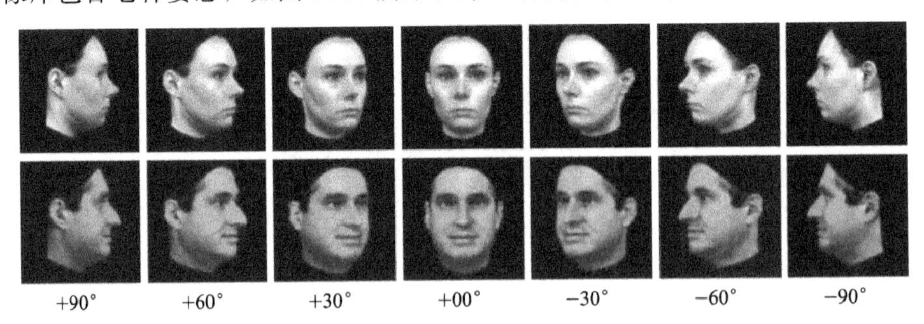

图 6.17 MPI 不同姿态的人脸图像实例[7]

6.1.7 圣母大学人脸图像库

圣母大学（Notre Dame）人脸数据库在 DARPA 计划[8]资助下完成，拍摄过程历时 13 个星期，超过 300 人，150000 幅图像。不同时间间隔的人脸图像实例如图 6.18 所示，第 1 幅至第 10 幅均间隔 1 星期。非约束条件下拍摄的人脸图像实例如图 6.19（见插页）所示。

图 6.18　不同时间间隔的人脸图像实例[9]

图 6.19　非约束条件下的人脸图像实例（非结构光照）[9]

6.1.8　得克萨斯大学人脸图像库

得克萨斯大学人脸图像库[10]包含 284 人，其中 208 名女性，76 名男性，年龄大多在 18～25 岁，在标准背景和约束条件下拍摄，包括姿态、语音和表情三种情况，数据库图像实例如图 6.20 所示。

6.1.9　FRGC 人脸图像库

FRGC 人脸图像库[11]由澳大利亚圣母大学设计并构建。2D 图像库包含每人 4 幅约束条件下的图像，如图 6.21 所示。在工作室中拍摄，两种不同室内光照条件各 1 幅，标准图像 1 幅，微笑表情 1 幅。同时还包括 2 幅无约束条件下的图像，如图 6.22（见插页）所示。环境光照有变化，并且取自复杂背景，如门廊、走道以及室外等。此外，FRGC 人脸图像库还包含约束条件下的 2 幅 3D 图像，

(a) 语音

(b) 微笑

(c) 厌恶

图 6.20　人脸图像实例[10]

图 6.21　约束条件下的人脸图像实例[11]

图 6.22　无约束条件下的人脸图像实例[11]

使用 3D 扫描仪获取，1 幅表示形状，1 幅表示纹理，如图 6.23（见插页）所示。

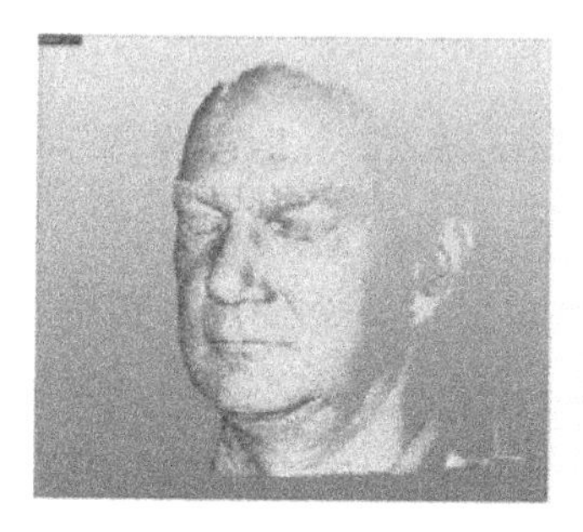
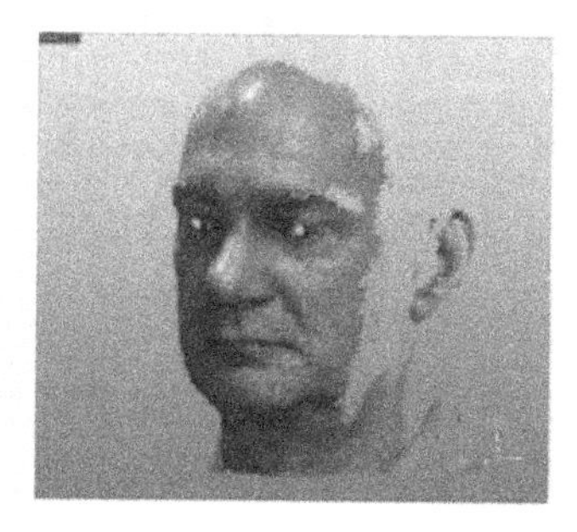

图 6.23　3D 人脸图像实例[11]

6.1.10　CMU 高光谱人脸图像库

CMU 高光谱人脸图像库[12]在 DARPA 计划资助下构建[8]，图像获取设备基于专有设备（acousto optic tunable filter，AOTF）改装而成，光波波长从可见光到近红外范围（0.45～1.1μm），8s 内可以获取 65 幅图像。图像库包含 54 人，在四种光照条件下拍摄，图 6.24 为 0.5～1μm 波长内拍摄的图像实例。

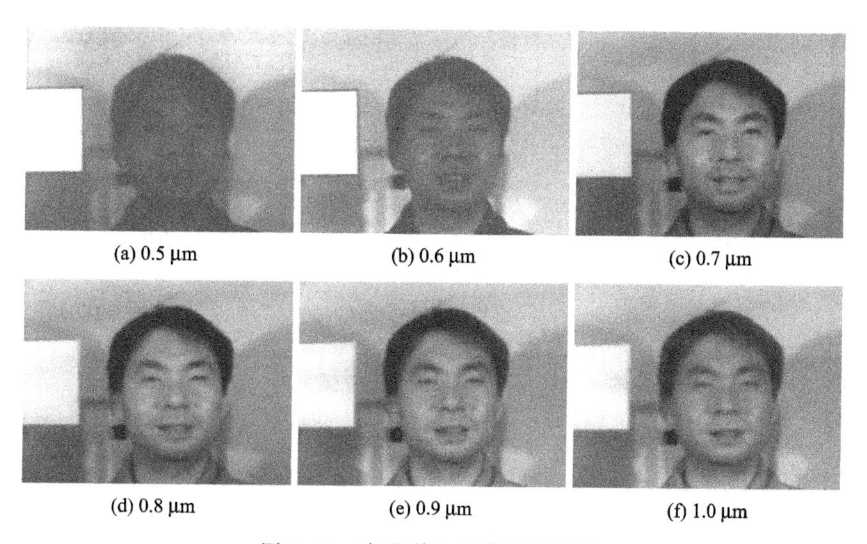

图 6.24　高光谱人脸图像实例[12]

6.1.11 CMU PIE 人脸图像库

CMU PIE（pose，illumination and expression）人脸图像库[13]是由卡耐基-梅隆大学设计并构建的，拍摄环境如图 6.25 所示。图像库包含了 68 人的 13 种姿态（如图 6.26 所示）、43 种光照（如图 6.27 所示）和 4 种表情（无表情、微笑、眨眼、谈话，并且规定被拍摄者不允许戴眼镜）的 41368 幅人脸图像。

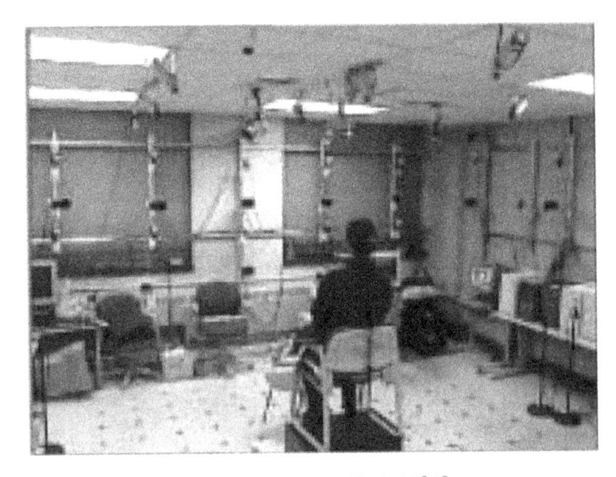

图 6.25 拍摄环境实例[13]

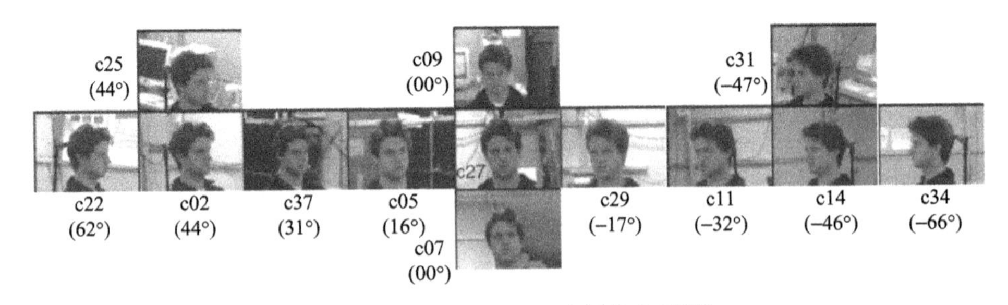

图 6.26 不同姿态的人脸图像实例[13]

6.1.12 AR 人脸图像库

AR 人脸图像库[14,15]在巴塞罗那计算机视觉中心采集，包含 126 人，共 4000 幅彩色人脸图像，其中 70 名男性，56 名女性。考虑不同的人脸表情、光照条件和遮挡等情况，分两次间隔两个星期获取，每次拍摄 13 幅彩色图像，有 120 人参加了两次拍摄，其中 65 名男性，55 名女性。AR 数据库人脸图像如图 6.28 所示。

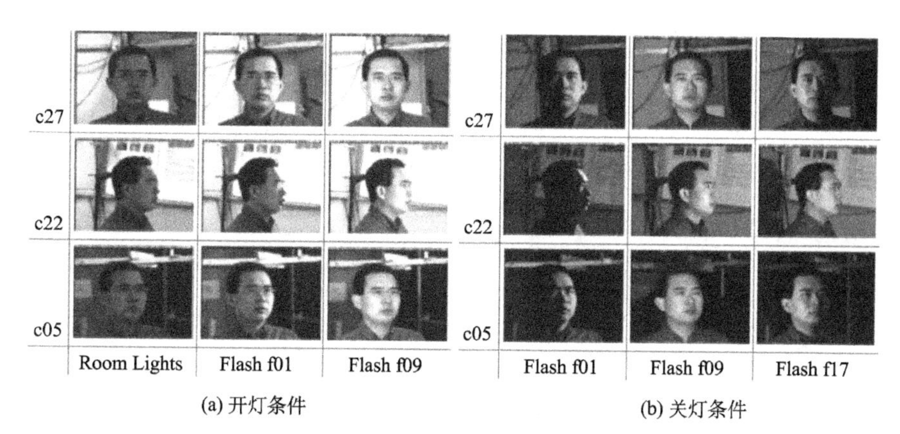

图 6.27　不同光照的人脸图像实例[13]

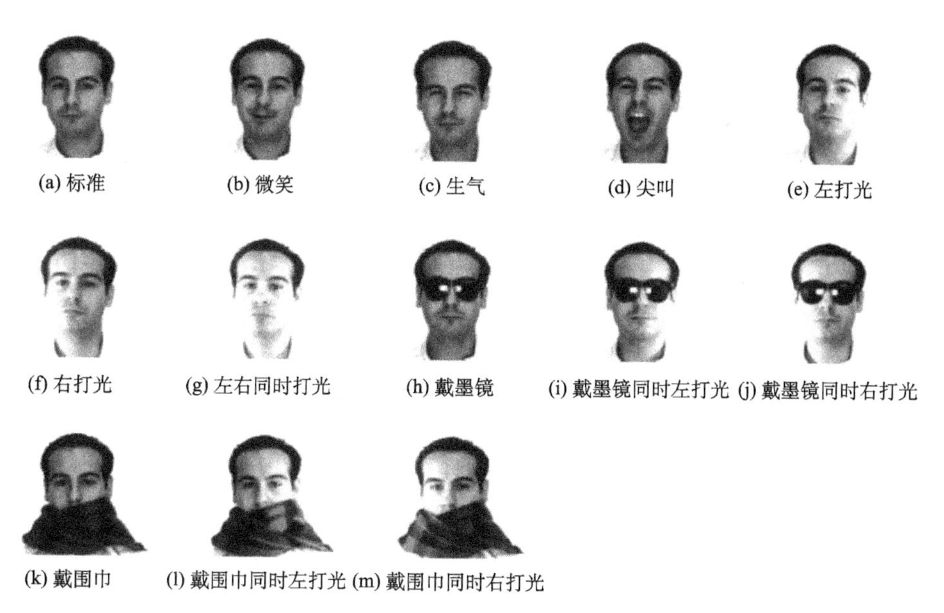

图 6.28　AR 人脸图像实例[16]

6.1.13　Equinox 红外人脸图像库

Equinox 红外人脸图像库[17]也是 DARPA 身份认证计划的一部分[8]，收集了长波红外图像，光谱在 8～12μm，拍摄过程中使用可见光 CCD 和长波红外微测热辐射计同时记录人脸视频。数据库包含 91 人，每人一段 4s 左右（40 帧）的视频，包括 3 种光照，3 种表情，1 种语音，部分人还拍摄了短波红外（波长在 0.9～1.7μm）和中波红外（波长在 3～5μm）的视频数据。图 6.29 为 Equinox 人脸图像库实例，从左至右依次为语音（正面光照）、微笑（右侧光照）、皱眉（正面光照）、惊讶（左侧光照）。

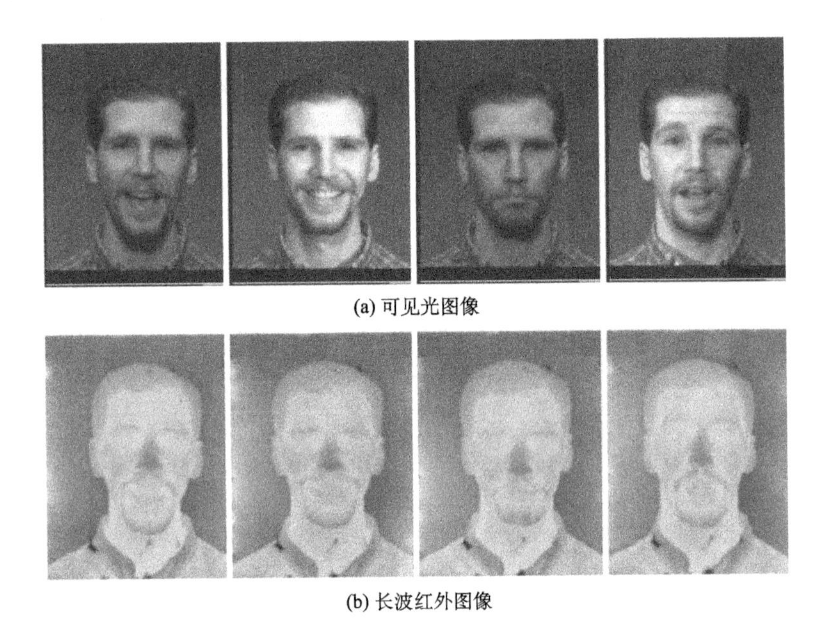

(a) 可见光图像

(b) 长波红外图像

图 6.29　Equinox 人脸图像实例[17]

6.1.14　ORL 人脸图像库

ORL（Olivetti Research Ltd）人脸图像库[18]包含 40 人，每人 10 幅，共 400 幅图像。被拍摄者的年龄从 18 岁到 81 岁不等，大部分在 20～35 岁，其中 4 名女性，36 名男性。拍摄过程中要求人脸面对照相机，并且没有严格的表情要求，有的戴眼镜，有的不戴。大多数人的图像在不同的时间和不同的光照条件下获取，但是统一为黑色背景。人脸表情包括张开和闭上眼睛，微笑和不微笑。图像在许可的 20°范围内有轻微旋转和倾斜以及 10％以内的尺度变化，图 6.30 为人脸图像实例。

图 6.30　ORL 人脸图像实例[18]

6.1.15　Yale 人脸图像库

Yale 人脸图像库[19]包含 15 人，共 165 幅图像，每人 11 幅图像，包括 1 幅标准环境光照、5 种表情变化、3 种光照变化、戴眼镜与不戴眼镜等不同情况。Yale 图像库中的图像如图 6.31 所示。

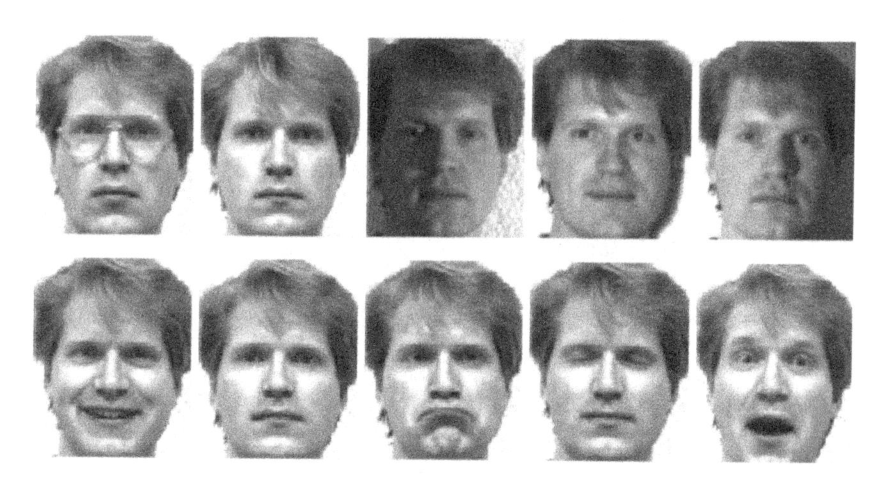

图 6.31　Yale 人脸图像实例[19]

6.1.16　Yale B 人脸图像库

Yale B 人脸图像库[20,21]包含 10 人，9 种姿态，64 种光照，共 5850 幅图像。不同光照的人脸图像如图 6.32 所示，不同姿态的人脸图像如图 6.33 所示。

图 6.32　Yale B 不同光照的人脸图像实例[20]

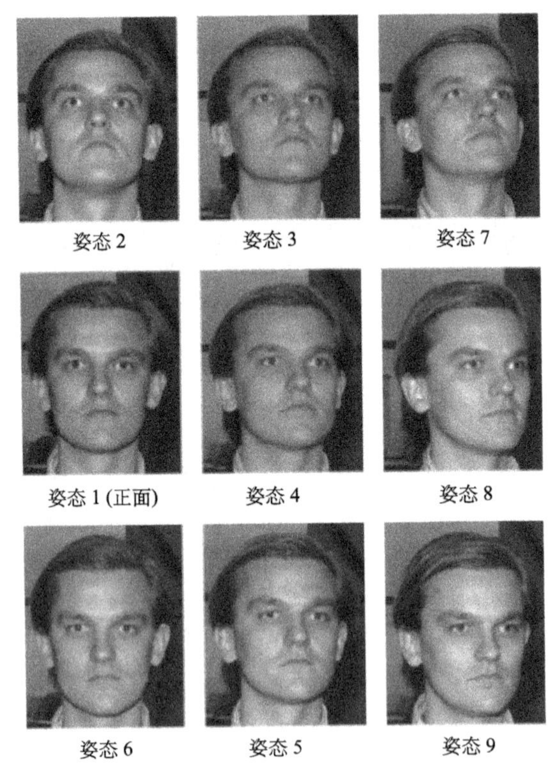

图 6.33　Yale B 不同姿态的人脸图像实例[20]

6.1.17　BANCA 人脸图像库

BANCA 数据库[22]作为欧洲 BANCA 计划的一部分，旨在发展和执行高安全级别的系统，用于识别、验证以及互联网网络访问控制等相关应用。由于数据库使用高、低不同质量的相机和麦克风等多种设备进行获取，所以数据库可用于多模态身份识别测试。拍摄环境包括约束条件（工作室拍摄环境、高质量获取设备）、退化条件（复杂背景、低质量获取设备）和不利条件（复杂背景、高质量获取设备）等不同场景，语音使用英语、法语、意大利语和西班牙语四种语言进行录制。图像库包含 52 人，26 名男性，26 名女性。在持续 3 个月内，每人使用不同的相机在不同的条件下拍摄 12 次。第 1～4 次在约束条件下拍摄，第 5～8 次和第 9～12 次包含在退化条件以及不利条件下拍摄的视频，人脸数据可以从每段视频记录中截取。BANCA 图像库中的图像如图 6.34（见插页）所示。

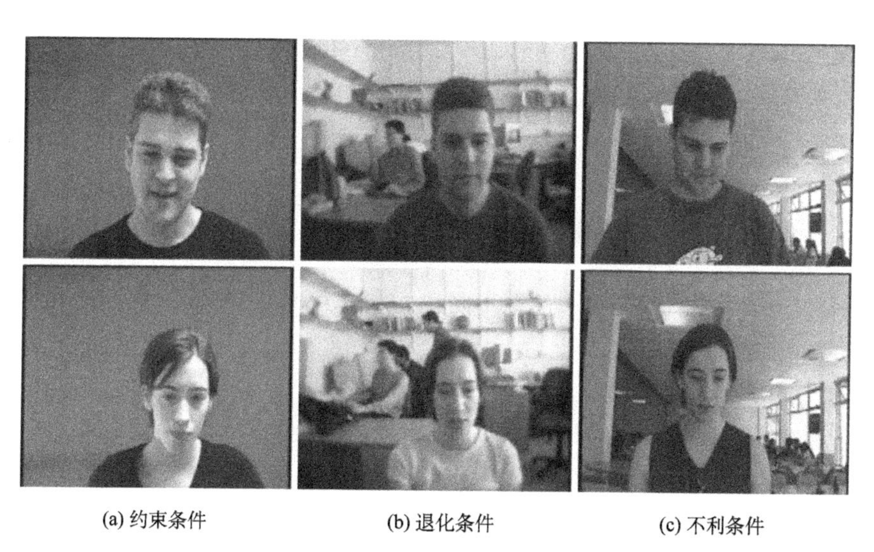

(a) 约束条件　(b) 退化条件　(c) 不利条件

图 6.34　BANCA 人脸图像实例[22]

6.1.18　JAFFE 人脸图像库

JAFFE（Japanese female facial expression）人脸图像库[23]包含 10 人，均为女性，每人 7 种表情，分别为标准、生气、厌恶、恐惧、高兴、悲伤和惊讶。图像库中的图像如图 6.35 所示。

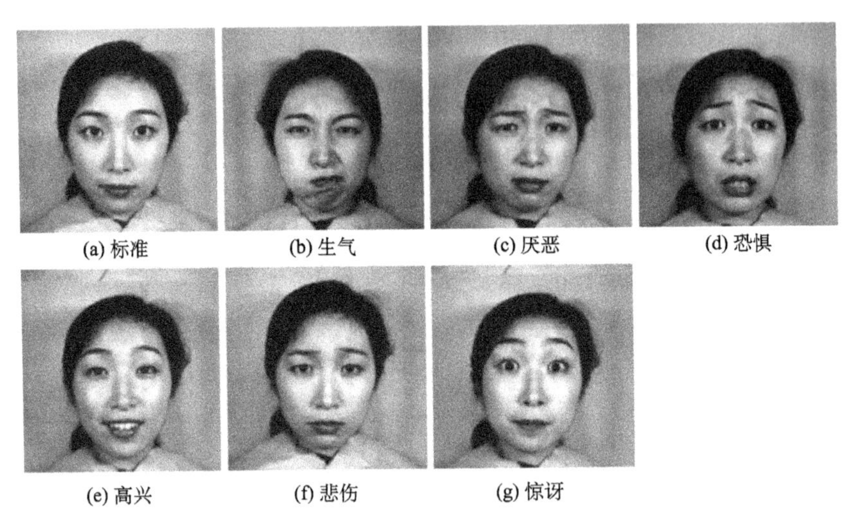

图 6.35　JAFFE 人脸图像实例[23]

6.1.19　马里兰大学人脸图像库

马里兰大学人脸图像库[24]包含不同种族和文化背景下 40 人的图像视频，每人 6 种表情，包括高兴、惊讶、厌恶、生气、悲伤、恐惧。数据库共包含 70 段视频，145 种表情，每段视频时长 9s，包含 1～3 种表情。人脸图像可以从视频中截取，如图 6.36 所示。

图 6.36　马里兰大学人脸图像实例[24]

6.1.20　CKAC 人脸图像库

CKAC（Cohn-Kanade AU-Coded）人脸图像库[25]由卡耐基-梅隆大学公布，包含不同种族背景下的男性和女性的不同人脸表情图像视频，共 100 人，每人 23 种表情，3 种光照，分别为环境光、单一的高强度光源和双高强度光源，拍摄同时伴有轻微的头部运动。人脸表情图像如图 6.37 所示。

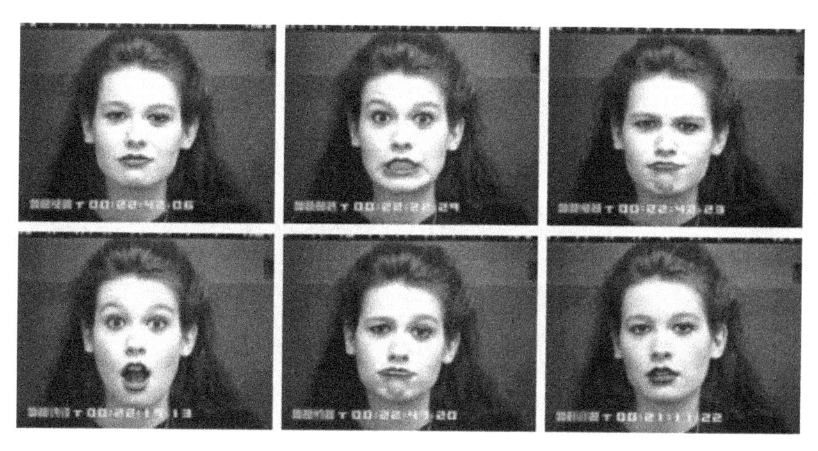

图 6.37　CKAC 人脸图像实例[25]

6.1.21　UMIST 人脸图像库

UMIST 人脸图像库[26]包含 20 人，共 564 幅图像，记录了人头从侧面到正面缓慢旋转的视频图像序列。

6.1.22　奥卢大学人脸图像库

奥卢大学人脸图像库[27]包含 125 人，16 种光照和照相机参数，彩色图像，图像中考虑了被拍摄者戴眼镜的情况。

6.1.23　MIT 人脸图像库

MIT 人脸图像库[28]包含 16 名女性的 2500 幅图像，考虑了 3 种光照、3 种人头旋转角度和 3 种分辨率等不同情况。

6.1.24　NIST-MID 人脸图像库

NIST-MID 人脸图像库[16]包含 1573 人，分为正面和侧面视角拍摄，同时考虑了不同图像分辨率，共 3248 幅图像。

6.1.25　Harvard 人脸图像库

Harvard 人脸图像库[29,30]是由哈佛机器人实验室构建的，包含 10 人，每人 75 幅图像。图像获取时，人坐在椅子上保持静止，光源分布在人脸前的一个半球面上，经度和纬度每增加 15°放置一个光源，共 77～84 种光照。

6.2　人耳图像库简介

人耳生物特征识别相关技术的研究起步较晚，与人脸相比，目前公开的图像库较少。本节将详细介绍现存比较有影响力的人耳图像库。由于 USTB 人脸人耳图像库将在后续章节介绍，所以本节不予介绍该图像库的具体情况。

6.2.1　圣母大学人耳图像库

圣母大学（University of Notre Dame，UND）人耳图像库[31]提供了大规模的人耳图像，包括 2D 图像和深度图像（3D）两种，可以用于人耳识别系统的评估。UND 图像库包含图像库 E、图像库 F、图像库 G、图像库 J2 和图像库 ND-Off-2007。

图像库 E：包含 114 人的 464 幅右侧人脸图像，2002 年拍摄，每人 3～9 幅图像，分别在不同时间、不同姿态、不同光照条件下拍摄。

图像库 F：包括 302 人的 942 幅深度图像（3D）以及对应的 2D 侧面人脸图像，于 2003 年和 2004 年拍摄。

图像库 G：包括 235 人的 738 幅深度图像（3D）以及对应的 2D 侧面人脸图像，于 2003 年和 2005 年拍摄。

图像库 J2：包括 415 人的 1800 幅深度图像（3D）以及对应的 2D 侧面人脸

图像，于 2003 年至 2005 年拍摄。

图像库 NDOff-2007：包括 396 人的 7398 幅深度图像（3D）以及对应的 2D 人脸图像，数据库包含不同的偏转与仰俯姿态。

6.2.2　WPUT-DB 人耳图像库

波兰波美拉尼亚科技大学收集的人耳图像库[32]包含不同年龄的 501 人，共 2071 幅图像，每人 4～8 幅图像，分别在不同时间、不同光照条件下拍摄。被拍摄者允许佩戴头巾、耳环和助听器等饰物，除此之外，部分人耳被头发遮挡。图 6.38显示了一些图像的实例。

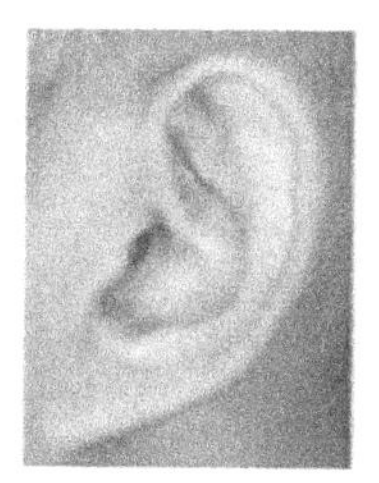

(a) 标准图像

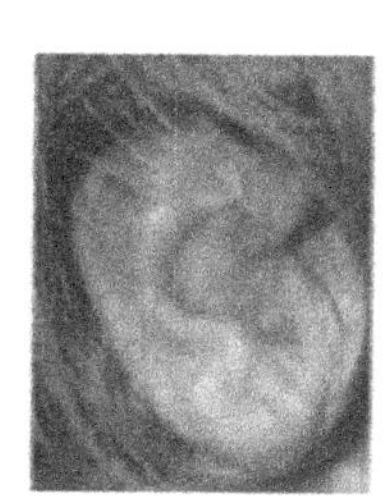

(b) 头发遮挡图像

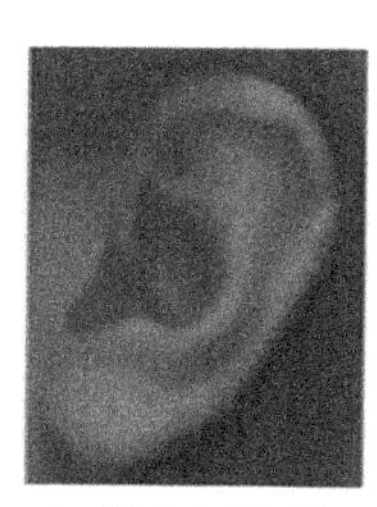

(c) 稀疏光照图像

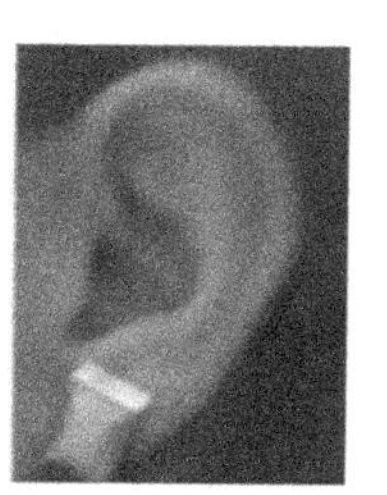

(d) 珠宝遮挡图像

图 6.38　WPUT-DB 人耳图像实例[32]

6.2.3　IIT Delhi 人耳图像库

IIT Delhi 人耳图像库[33]于 2006 年 10 月至 2007 年 6 月在印度理工学院德里分校（Indian Institute of Technology Delhi）采集，室内环境下拍摄，包括 121 人，共 421 幅图像，每人至少 3 幅图像。图像库实例如图 6.39 所示。

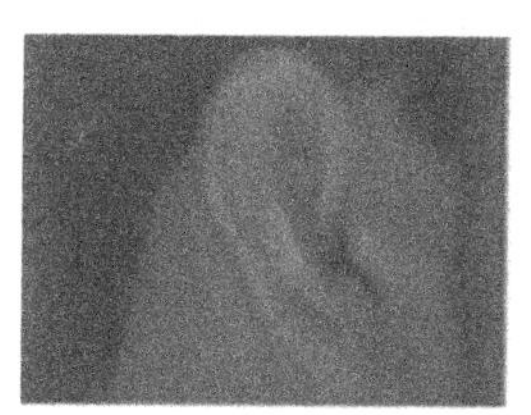
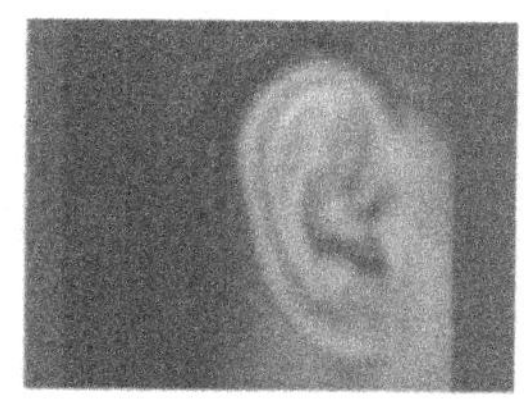
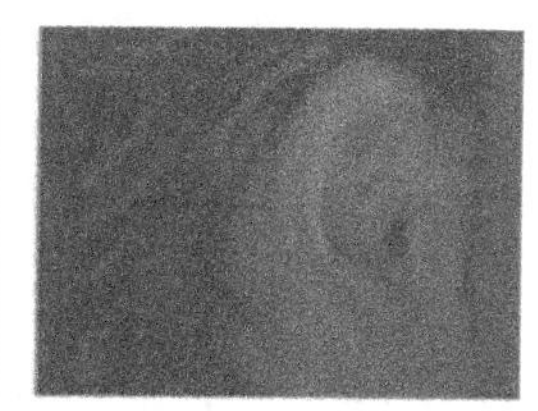

图 6.39　IIT Delhi 人耳图像实例[33]

6.2.4 IIT 坎普尔人耳图像库

IITK 人耳图像库[34]由坎普尔（Kanpur）的印度理工学院拍摄，数据库包含两个子集。

子集 1：包含 190 人共 801 幅侧面人脸图像，每人 2～10 幅图像。

子集 2：包含 89 人的图像，每人 3 种姿态，每种姿态 3 种尺度，共 9 幅图像，所有图像在同一天拍摄。

6.2.5 ScFace 人耳图像库

ScFace 人耳图像库[35]由萨格勒布技术大学（The Technical University of Zagreb）提供，包含 130 人，共 4160 幅图像。数据库主要用于监控情境下算法的测试，遗憾的是所有监控图像以正面视角拍摄，因此人耳在图像中不可见。然而数据库也包含每人一组高分辨率图像，显示被拍摄者不同姿态角度的情况，这些姿态包括右侧面和左侧面，如图 6.40 所示。虽然图像不适合用于人耳识别研究，但是高分辨率图像能被用于测试算法对姿态变化的鲁棒性。

(a) 左半侧面

(b) 左正侧面

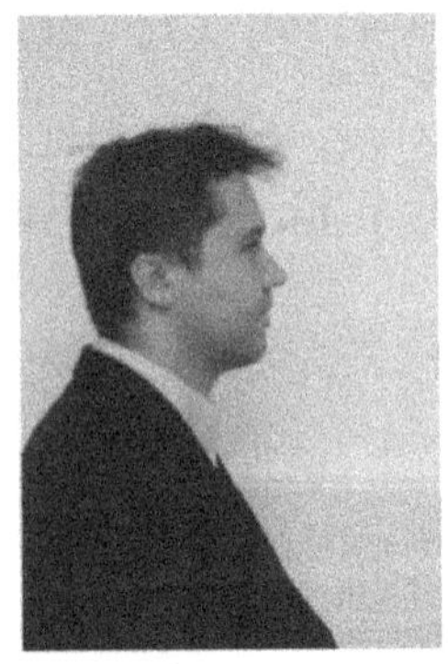

(c) 右正侧面

图 6.40 ScFace 人脸图像实例[35]

6.2.6 Sheffield 人耳图像库

Sheffield 人耳图像库[19]又称为即 UMIST 人脸图像库，由于完整侧面人脸图像的获取，所以也可以用于人耳识别相关技术研究。数据库包含不同种族、不同性别的 20 人，共 564 幅图像，每人拍摄不同偏转角度的图像，包括正面人脸及侧面人脸。

6.2.7　YSU 人耳图像库

美国扬斯敦州立大学（Youngstown State University）收集了新的人耳图像库[36]，用于法学身份识别系统研究。该图像库包含 259 人，每人 10 幅图像，图像来自视频，显示从 0°到 90°的姿态，数据库包含右侧面图像和正面图像。

6.2.8　NCKU 人耳图像库

台湾成功大学收集的图像库[31]包含 90 人，每人 37 幅图像，其能够从学校的网站下载。所有图像分两天拍摄，在相同光照条件下采集，并且被拍摄者与相机距离相等。在−90°（左侧面）到+90°（右侧面）范围内，每隔 5°拍摄一幅图像。图 6.41 显示了一些图像实例。图像库最初是收集人脸图像用于识别，一些人耳被头发部分遮挡或者全部遮挡，这些数据用于人耳检测方法的测试具有一定的挑战性，所以该图像库中只有一部分图像适合人耳识别的研究。

(a) 40°旋转

(b) 65°旋转

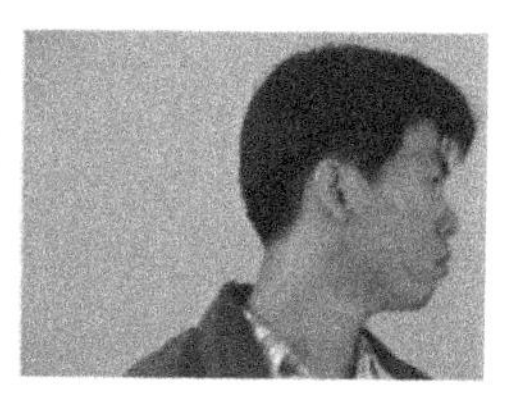

(c) 90°旋转

图 6.41　NCKU 部分图像实例[31]

6.2.9　UBEAR 人耳图像库

UBEAR 图像库[37]包含 126 人的从左到右的人耳图像，图像在不同光照条件下拍摄，被拍摄者要求去除头发、首饰和头巾等遮挡，并需要做不同的人头姿态（如前视、仰视和俯视），图像从视频流中截取。此外，该图像库给出了一个理想图像的参照，为研究人耳检测和识别算法的性能提供了很大的方便。

6.2.10　CP 人耳图像库

西班牙（Carreira-Perpinan）人耳图像库[38]包含 17 人，每人 6 幅，共 102 幅图像，256 灰度级，人耳图像经过裁剪和旋转处理，高宽比例约为 1.6，并进行了轻微的亮化处理。其属于比较理想情况下的人耳库，可以作为算法在理想情况下的测试，部分图像如图 6.42 所示。

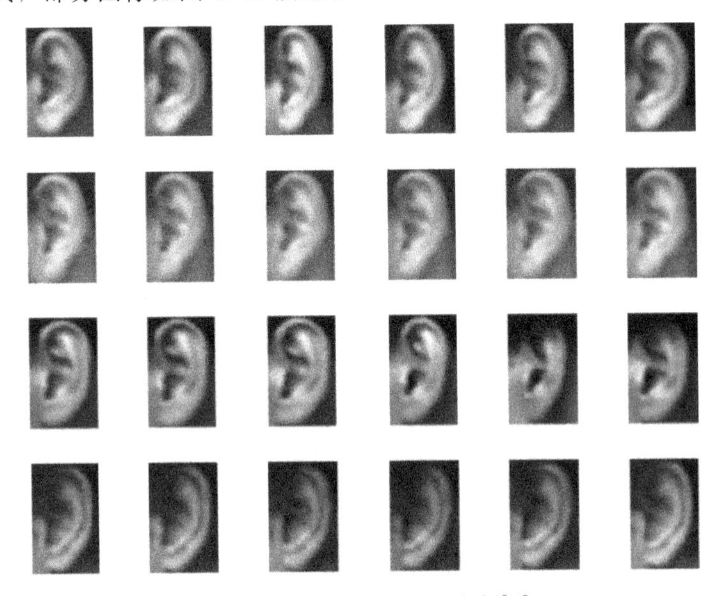

图 6.42　CP 人耳图像库实例[39]

6.3　USTB 人脸人耳图像库的构建与完善

完备、全面的人脸、人耳图像库对于人脸、人耳以及人脸人耳多模态生物特征识别技术的研究至关重要，只有形成一套统一的测试标准，各种识别算法之间才能够进行公平和有效的比较。正是在这样的要求下，作者所在的人耳识别研究团队构建了目前开放的、规模最大的、包含图像种类最丰富的人耳及人脸人耳多模态图像数据库——USTB（University of Science & Technology Beijing）标准图像库。

构建图像库的主要目的是用于人耳及人脸人耳多模态识别各个步骤相关算法

的设计、开发等科研工作，并为最终的系统测试和综合评价提供一个通用的、标准的平台；同时也可为国内外相应的研究机构提供一个进一步研究的平台，推动人耳及人脸人耳多模态识别技术领域的研究和开发工作。建立一个大型图像库是一个费时、费力和长期积累的过程，在师生的共同努力下，自 2002 年开始至今已经建立了四个图像库，并且仍在不断完善与扩建。

6.3.1　人耳图像库 Ⅰ

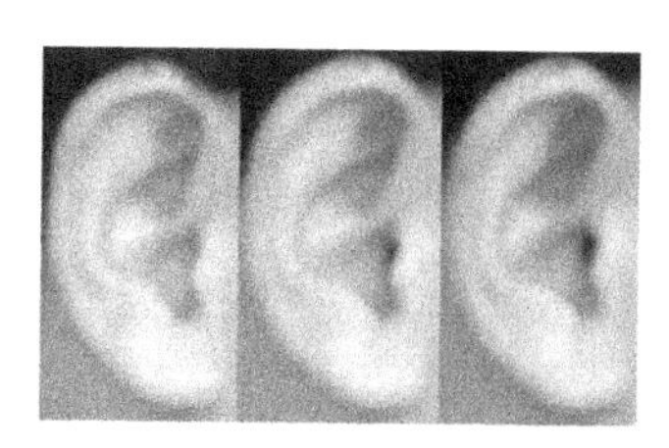

图 6.43　USTB 人耳图像实例Ⅰ

人耳图像库Ⅰ是在 2002 年 6 月至 2002 年 8 月间拍摄的，拍摄对象为作者读博期间所在学校信息工程学院的师生，共 60 人，拍摄对象为右耳，工具为数码相机。每人 3 幅图像，分别为正侧面 1 幅（左起第 1 幅），轻微角度变化 1 幅（左起第 2 幅），光照变化 1 幅（右起第 1 幅），256 灰度级，对拍摄的人耳图像进行旋转和剪切处理，未作光照补偿处理，图像如图 6.43 所示。

6.3.2　人耳图像库 Ⅱ

人耳图像库Ⅱ是在 2003 年 11 月至 2004 年 1 月间拍摄，拍摄对象为作者读博期间所在学校信息工程学院的师生，共 77 人，主要用于人耳图像预处理、光照变化及角度变化等情况下人耳识别方法的研究。拍摄对象为右耳，拍摄工具为 CCD 摄像机，被拍摄者与摄像机之间的距离固定为 2m。每人拍摄 4 幅图像，分别是正侧面 2 幅（含光照变化），角度变化 2 幅，24 位真彩色，图像的大小为 300×400 像素。左起第 1 幅图像与第 4 幅图像均为人耳的正侧面图像，但光照条件变化较大，左起第 2 幅图像和第 3 幅图像与第 1 幅图像光照条件相同，但分别相对于第 1 幅图像旋转＋30°和－30°，图像如图 6.44 所示。

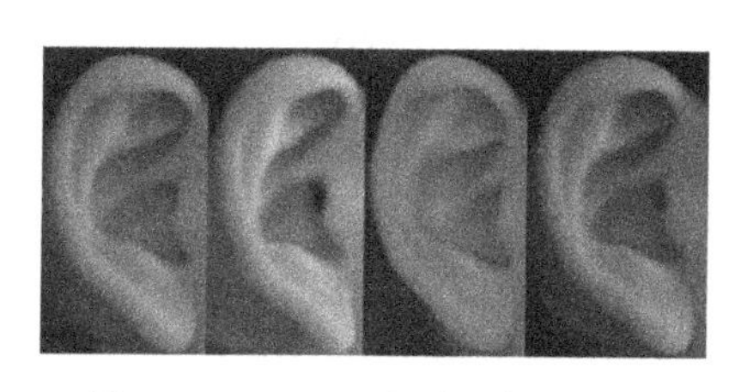

图 6.44　USTB 人耳图像实例Ⅱ

6.3.3　人脸人耳图像库Ⅲ

人脸人耳图像库Ⅲ是在 2004 年 11 月至 2004 年 12 月间拍摄，拍摄对象为作者读博期间所在学校信息工程学院的师生，共 79 人。主要用于人脸、人耳检测，人脸、人耳姿态变化等相关识别方法的研究，人脸人耳信息融合的多模态识别方法及部分遮挡情况下人耳识别方法的研究。此次拍摄的情况考虑得更加全面，包括表情、姿态和遮挡等多种情况，为研究这些不利因素对人脸及人耳识别的影响提供了一个良好的实践平台。拍摄对象为包括左耳和右耳的整幅人头图像，拍摄工具为彩色 CCD 摄像机，被拍摄者与摄像机之间的距离为 1.5m，图像采集显示分辨率大小为 768×576 像素，24 位真彩色。彩色 CCD 摄像机与人耳角度垂直时定义为 0°，即正侧面，光照恒定。具体情况如下。

1）正常人耳图像：包括右转、左转两种情况

右转情况依次是正侧面，右转 5°、10°、15°、20°、25°、30°、35°、40°、45°和 60°。每种情况连续拍摄两幅图像，共 22 幅图像，图像编号依次为 1～22，如图 6.45 所示。

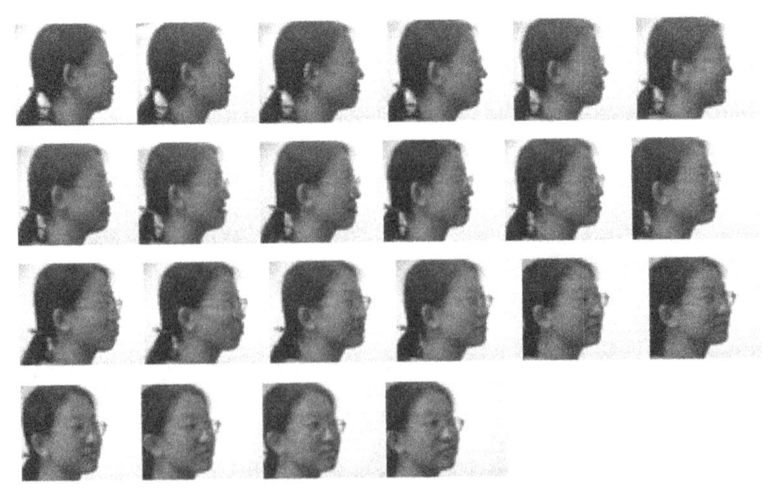

图 6.45　人耳图像向右旋转实例

左转情况依次是左转 5°、10°、15°、20°、25°、30°、35°、40°和 45°。每种情况连续拍摄两幅图像，共 18 幅图像，图像编号依次为 1～18，如图 6.46 所示。

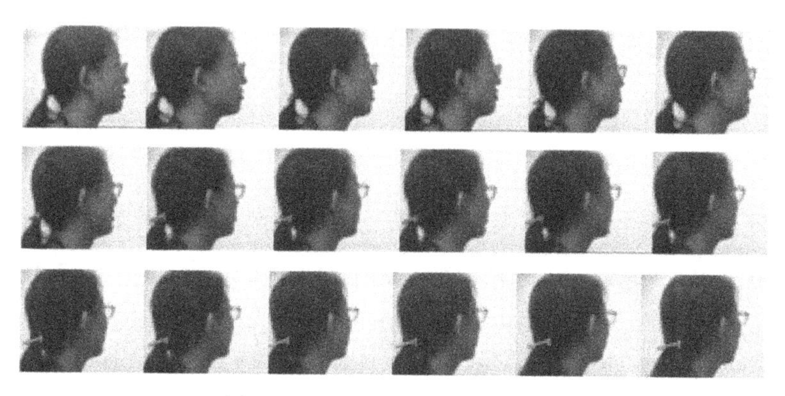

图 6.46　人耳图像向左旋转实例

2）人脸图像

人脸图像存储在左转数据库中。1～31 号被拍摄者除了拍摄人耳图像外，还包括 2 幅正面人脸图像，编号为 19 和 20。32～79 号被拍摄者除拍摄 2 幅正面人脸图像，还分别拍摄了右转 15°、右转 30°、左转 15°、左转 30°各 2 幅图像，共 10 幅人脸图像，编号依次为 19～28，如图 6.47 所示。

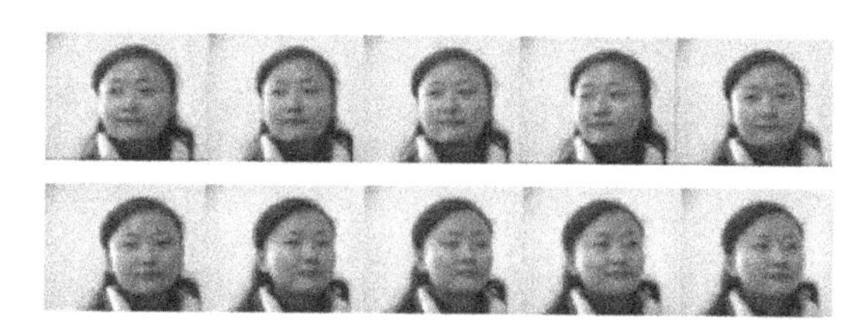

图 6.47　人脸向左和右旋转图像实例

3）遮挡人耳图像

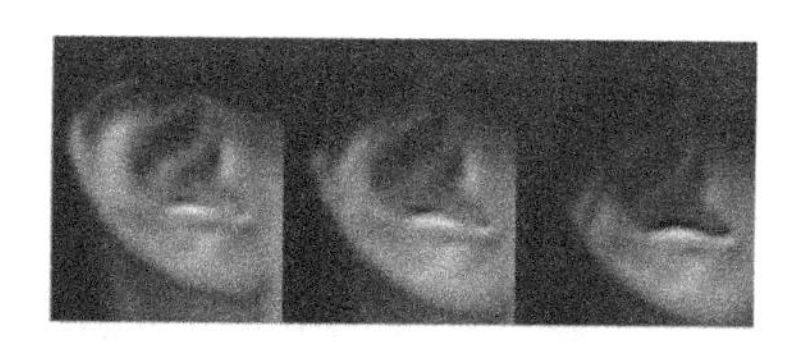

图 6.48　遮挡人耳图像实例

遮挡人耳图像包括 24 人，每人 6 幅图像，共 144 幅图像，分别包括轻微遮挡（部分头发遮挡）2 幅、次轻微遮挡（少量头发遮挡）2 幅、正常遮挡（自然情况遮挡）2 幅。部分图像如图 6.48 所示。

6.3.4　人脸人耳图像库Ⅳ

人脸人耳图像库Ⅳ于2007年6月至2007年9月间拍摄，拍摄对象为作者读博期间所在学校信息工程学院的师生，共200人。主要用于人耳姿态变化的识别方法和人脸人耳信息融合的多模态识别方法研究。此次拍摄的图像姿态变化更加多样，不仅包括平面旋转和深度旋转，还包括两种旋转同时发生的情况。拍摄对象为包括左耳和右耳的整幅人头图像，拍摄工具为彩色CCD摄像机，黑白图像库和彩色图像库分开拍摄，姿态种类相同。图像采集显示分辨率为500×400像素，光照恒定，彩色图像为24位真彩色。被拍摄者在中心，CCD放置在半径为1m的圆周上，17个摄像头，间隔角度15°，左右对称，如图6.49所示。拍摄时使用两台PC机同时控制17个摄像头，OK系列采集卡顺序采集，采集系统在Windows XP环境下用Visual C++开发。

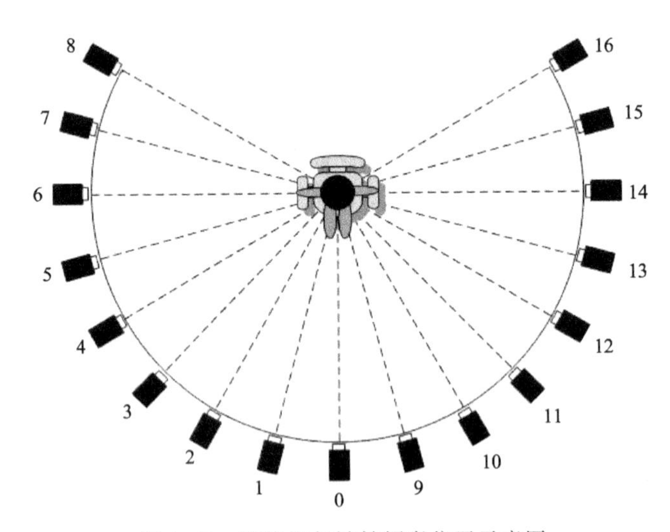

图6.49　摄像机与被拍摄者位置示意图

被拍摄者需要做平视、仰视、俯视、左摆和右摆五种姿态，分别用n、u、d、l和r表示，如图6.50所示。

被拍摄者每做一种姿态，17幅图像同时拍摄，全部为包含人脸和人耳的完整人头图像，图像编号依次为XPPP-S。其中X代表五种姿态，包括n（平视）、u（仰视）、d（俯视）、l（左摆）和r（右摆），PPP代表志愿者编号，从001至

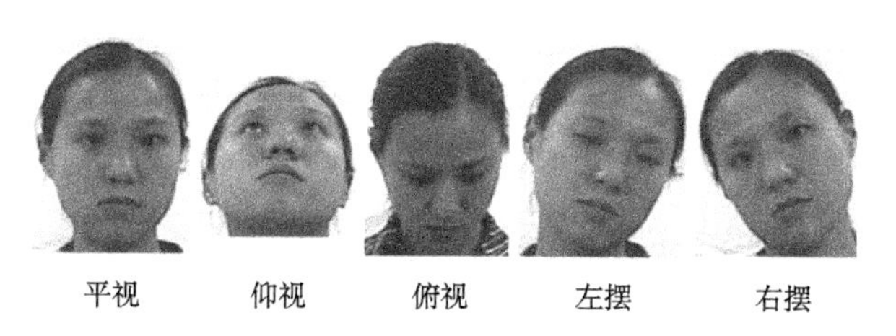

图 6.50　人头五种姿态示意图

200，S代表每种姿态下17幅不同拍摄视角图像的编号，从0～16。因此，每位志愿者共85种姿态图像，如图6.51所示。

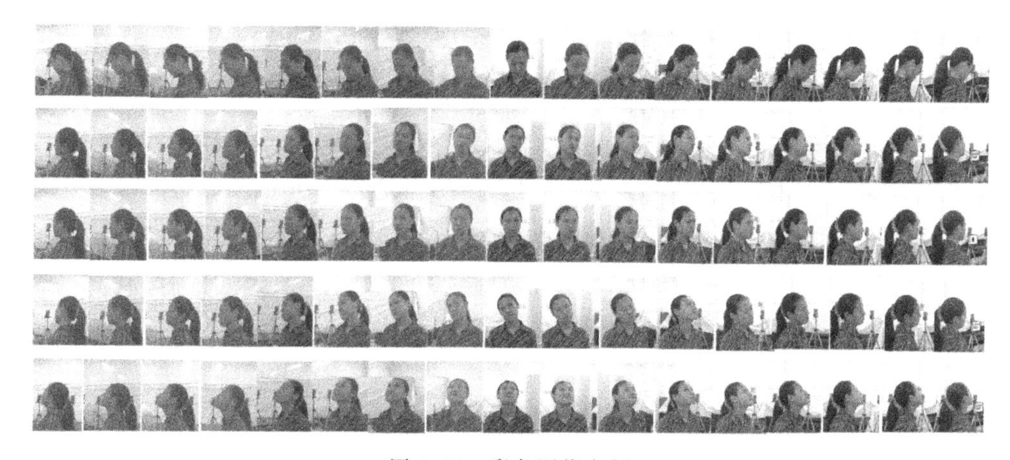

图 6.51　彩色图像实例

为了研究时间跨度对于人脸和人耳识别的影响，此图像库还包括了100名大学一年级的学生，预计在未来的三年内连续跟踪拍摄，用以考察四年内相同志愿者人脸和人耳变化对身份识别所造成的影响。

目前，USTB人脸人耳图像库Ⅳ还在不断地扩建和完善，初步预计将拍摄者人数扩大到500，并且考虑光照、遮挡以及时间等情况。拍摄的图像库已提供给国内外三十余家研究机构使用，如中国科学技术大学、复旦大学、香港理工大学、印度空间科学技术研究所（Indian Institute of Space Science and Technology/IIST）、加州大学河滨分校（University of California Riverside）、西澳大学（University of West Australia）及法国Bourgogne大学国家科学院重点实验室等，已具有很大的影响力。

6.4 本章小结

建立人脸、人耳以及人脸人耳多模态图像库是人脸、人耳识别以及人脸人耳多模态识别研究领域的重要工作之一，它不仅为这些识别技术的研究提供了大量的实验样本及数据，同时也为最终判别各种识别算法的可行性和有效性提供了科学、客观及公正的平台。为此，本章详细介绍了现存比较具有影响力的人脸图像库和人耳图像库，重点介绍了作者攻读博士期间组织并参与构建的 USTB 图像库，包括前人建立的 USTB 标准图像库 Ⅰ 至图像库 Ⅲ，以及作者组织并参与构建的目前规模最大、姿态最丰富的人脸、人耳图像库，共包含 200 名志愿者的 34000 幅人头图像（黑白图像库和彩色图像库中各 17000 幅图像，姿态相同）。以此图像库作为测试平台，研究者可以进行有关人脸、人耳以及人脸人耳多模态生物特征识别技术的各个步骤的研究工作。USTB 标准图像库已被国内外 30 余家科研机构采用，这标志着人脸、人耳识别及人脸人耳多模态识别领域有了一个可以互相比较的开放平台和测试标准，为以后的研究工作打下了坚实的基础。

参考文献

[1] Pigeon S, Vandendorpe L. The M2VTS multimodal face database. International Conference on Audio- and Video-Based Biometric Person Authentication (AVBPA), Crans-Montana, 1997: 403-409.

[2] Messer K, Matas J, Kittler J, et al. XM2VTSDB: The extended M2VTS database. International Conference on Audio- and Video-Based Biometric Person Authentication (AVBPA), Washington, 1999: 965-966.

[3] Gao W, Cao B, Shan S, et al. The CAS-PEAL large-scale Chinese face database and baseline evaluations. IEEE Transactions on Systems, Man and Cybernetics, Part A, 2008, 38 (1): 149-161.

[4] Phillips P J, Wechsler H, Huang J, et al. The FERET database and evaluation procedure for face recognition algorithms. Image Vision Computing, 1998, 16 (5): 295-306.

[5] Phillips P J, Hyeonjoon M, Rizvi S A, et al. The FERET evaluation methodology for face

recognition algorithms. IEEE Transactions on Pattern Analysis and Machine Intelligence, 2000, 22 (10): 1090-1104.

[6] Hwang B W, Byun H, Roh M C, et al. Performance evaluation of face recognition algorithms on the Asian face database, KFDB. International Conference on Audio- and Video-Based Biometric Person Authentication (AVBPA), Guildford, 2003: 557-565.

[7] Blanz V, Vetter T. A morphable model for the synthesis of 3D faces. 26th International Conference on Computer Graphics and Interactive Techniques (SIGGRAPH), Los Angeles, 1999: 187-194.

[8] Phillips P J. Human identification technical challenges. IEEE International Conference on Image Processing, Rochester, 2002: 49-52.

[9] Flynn P, Bowyer K, Phillips P J. Assessment of time dependency in face recognition: An initial study. International Conference on Audio- and Video-Based Biometric Person Authentication (AVBPA), Guildford, 2003: 44-51.

[10] O'Toole A, Harms J, Snow S, et al. A video database of moving faces and people. IEEE Transactions on Pattern Analysis and Machine Intelligence, 2005, 27 (5): 812-816.

[11] Phillips P J, Flynn P J, Scruggs T, et al. Overview of the face recognition grand challenge. IEEE Computer Vision and Pattern Recognition, San Diego, 2005: 947-954.

[12] Denes L, Metes P, Liu Y. Hyperspectral Face Database. Technical Report, Carnegie Mellon University, 2002.

[13] Sim T, Baker S, Bsat M. The CMU pose, illumination, and expression database. IEEE Transactions on Pattern Analysis and Machine Intelligence, 2003, 25 (12): 1615-1618.

[14] Martinez M, Benavente R. The AR face database. Technical Report 24, CVC, Barcelona, 1998.

[15] Yang J, Zhang D, Frangi A F, et al. Two-dimensional PCA: a new approach to appearance-based face representation and recognition. IEEE Transactions on Pattern Analysis and Machine Intelligence, 2004, 26 (1): 131-137.

[16] Gross R. Face databases. Handbook of face recognition. New York: Springer, 2005: 301-327.

[17] Socolinsky D, Wolff L, Neuheisel J, et al. Illumination invariant face recognition using thermal infrared imagery. IEEE Conference on Computer Vision and Pattern Recognition, Kauai, 2001: 527-534.

[18] Samaria F S, Harter A C. Parameterization of a stochastic model for human face identification. IEEE Workshop Application Computer Vision, Sarasota, 1994: 138-142.

[19] Belhumeur P N, Hespanha J P, Kriegman D J. Eigenfaces vs. Fisherfaces: Recognition using class specific linear projection. IEEE Transactions on Pattern Analysis and Machine Intelligence, 1997, 19 (7): 711-720.

[20] Georghiades A S, Belhumeur P N, Kriegman D J. From few to many: Illumination cone models for face recognition under variable lighting and pose. IEEE Transactions on pattern Analysis and Machine Intelligence, 2001, 23 (6): 643-660.

[21] Lee K C, Ho J, Kriegman D J. Acquiring linear subspaces for face recognition under variable lighting. IEEE Transactions on pattern Analysis and Machine Intelligence, 2005, 27 (5): 684-698.

[22] Bailliere E B, Bengio S, Bimbot F, et al. The BANCA database and evaluation protocol. International Conference on Audio- and Video-Based Biometric Person Authentication (AVBPA), Guildford, 2003: 625-638.

[23] Lyons M, Akamatsu S, Kamachi M, et al. Coding facial expressions with Gabor wavelets. 3rd International Conference on Automatic Face and Gesture Recognition, Nara, 1998: 200-205.

[24] Black M J, Yacoob Y. Recognizing facial expressions in image sequences using local parameterized models of image motion. International Journal of Computer Vision, 1997, 25 (1): 23-48.

[25] Kanade T, Cohn J, Tian Y. Comprehensive database for facial expression analysis. The Fourth IEEE International Conference on Automatic Face and Gesture Recognition, Grenoble, 2000: 46-53.

[26] Graham D B, Allinson N M. Characterizing virtual eigensignatures for general purpose face recognition. Face Recognition: From Theory to Applications, NATO ASI Series F, Computer and Systems Sciences. Heidelberg: Springer, 1998: 446-456.

[27] Marszalec E, Martinkauppi B, Soriano M, et al. A physics-based face database for color research. Journal of Electronic Imaging, 2000, 9 (1): 32-38.

[28] TurkM A, Pentland A P. Face recognition using eigenfaces. IEEE International Conference on Computer Vision and Pattern Recognition, Maui, 1991: 586-591.

[29] Hallinan P. A Low-Dimensional Representation of Human Faces for Arbitrary Lighting

Conditions. IEEE conference Computer Vision and Pattern Recognition, Seattle, 1994: 995-999.

[30] Hallinan P. A Deformable Model for Face Recognition Under Arbitrary Lighting Conditions. Harvard University, 1995.

[31] Pflug A, Busch C. Ear biometrics: A survey of detection, feature extraction and recognition methods. IET Biometrics, 2012, 1 (2): 114-129.

[32] Frejlichowski D, Tyszkiewicz N. The west pomeranian university of technology ear database a tool for testing biometric algorithms//Campilho A, Kamel M. Image Analysis and Recognition. Heidelberg: Springer, 2010, LNCS: 227-234.

[33] Kumar A, Wu C. Automated human identification using ear imaging. Pattern Recognition, 2012, 45 (3): 956-968.

[34] Prakash S, Gupta P. An efficient ear recognition technique invariant to illumination and pose. Journal of Telecommunication Systems, 2011, 30: 38-50.

[35] Grgic M, Delac K, Grgic S. SCface-surveillance cameras face database. Multimedia Tools Application, 2011, 51 (3): 863-879.

[36] Nizami H A, Adkins-Hill J P, Zhang Y, et al. A biometric database with rotating head videos and hand- drawn face sketches. The 3rd IEEE International Conference on Biometrics: Theory, Applications and Systems, BTAS'09, Washington, 2009: 1-6.

[37] Raposo R, Hoyle E, Peixinho A, et al. UBEAR: A dataset of ear images captured on-the-move in uncontrolled conditions. 2011 IEEE Workshop on Computational Intelligence in Biometrics and Identity Management (CIBIM), Paris, 2011: 84-90.

[38] Carrreira-Perpinan M A. Compression neural networks for feature extraction: Application to human recognition from ear images. MSc thesis, Technical University of Madrid, 1995.

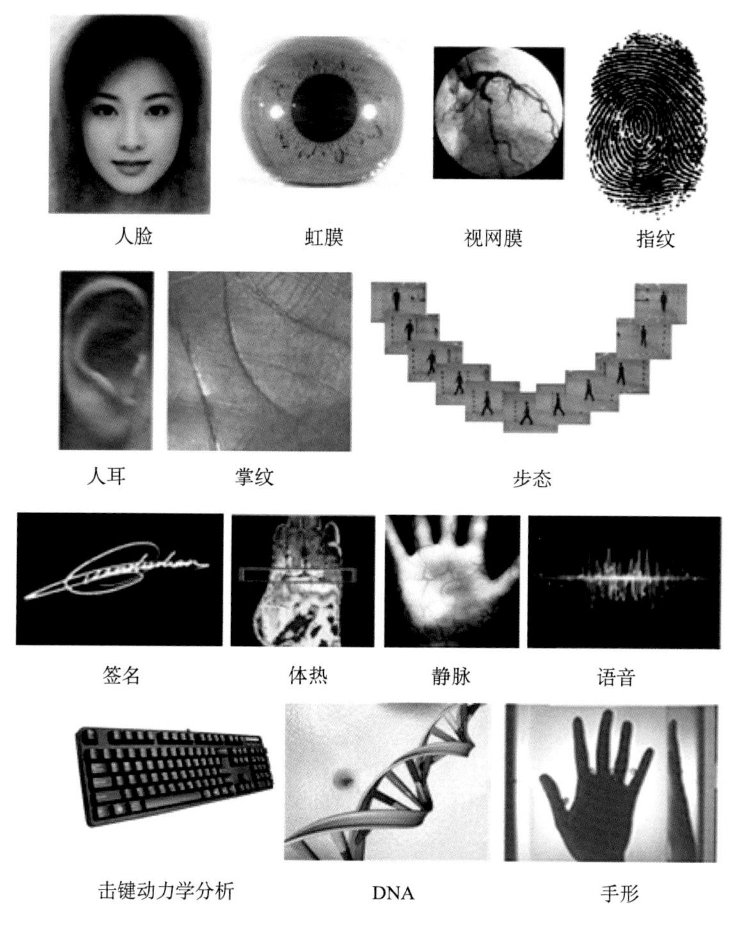

图 1.1　典型的生物特征识别技术

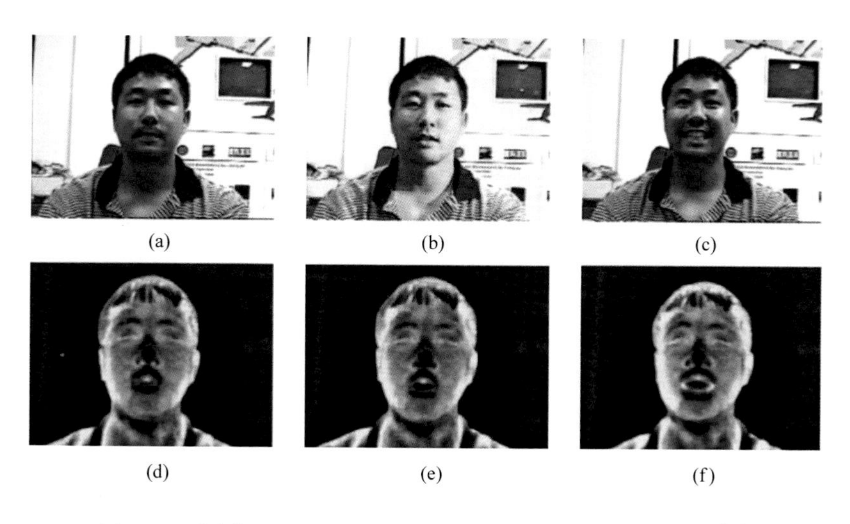

图 1.2　不同光照和人脸表情下可见光和热红外辐射图像比较[41]

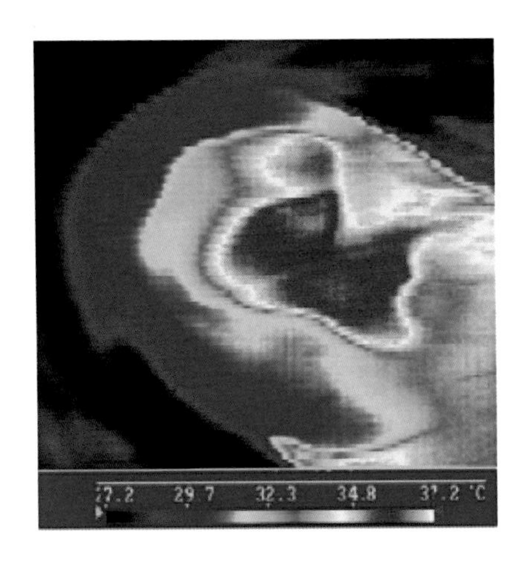

图 1.8　人耳红外图像[70]

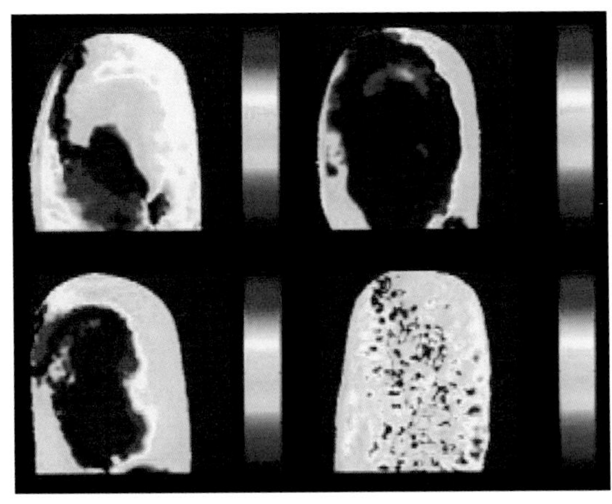

图 1.9　真实指纹与伪造指纹的不同表现形式[86]

图 4.2　彩色图像与灰度图像的纹理信息

图 4.3　不同光照下彩色图像与灰度图像的纹理信息[11]

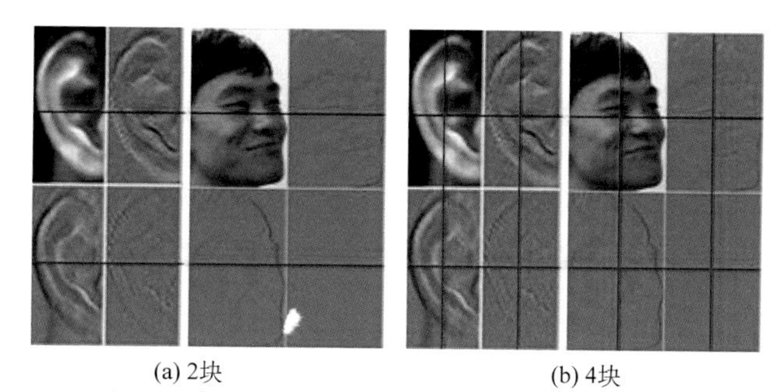

(a) 2块　　(b) 4块

图4.20　分块示意图

图 6.19　非约束条件下的人脸图像实例(非结构光照) [9]

图 6.22　无约束条件下的人脸图像实例[11]

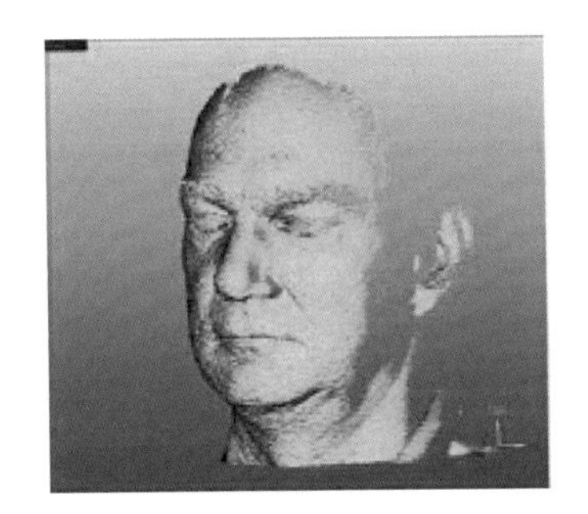

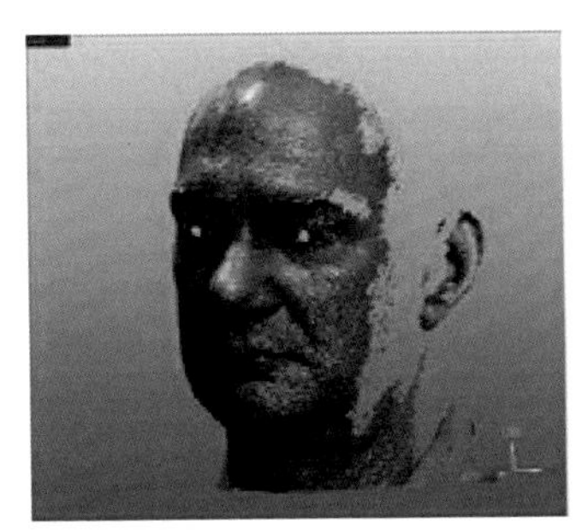

(a) 形状表示　　(b) 纹理表示

图 6.23 3D人脸图像实例[11]

(a) 约束条件　　(b) 退化条件　　(c) 不利条件

图 6.34 BANCA人脸图像实例[22]

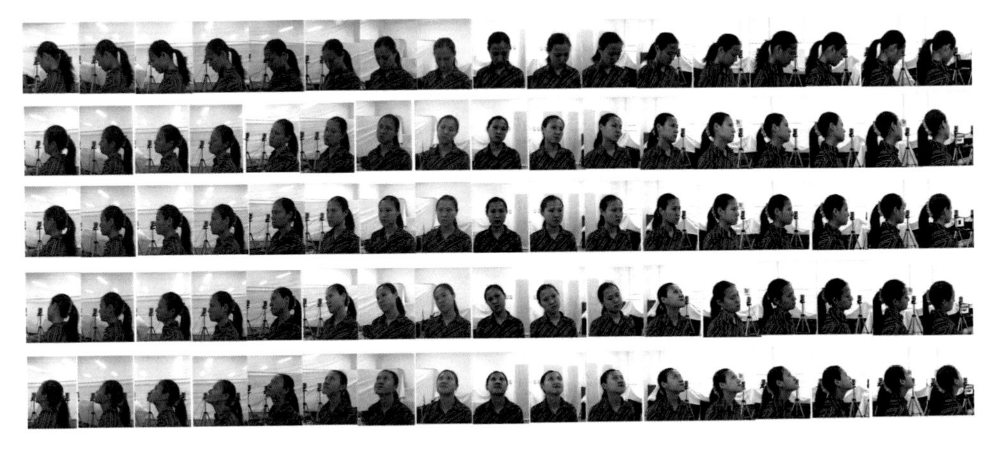

图 6.51 彩色图像实例